"十三五"国家重点出版物出版规划项目

装配式混凝土建筑基础理论及关键技术丛书

装配式建筑概论

主　编　冯大阔　张中善
副主编　顿志林　李乃红

黄河水利出版社

·郑 州·

内 容 提 要

本书是"十三五"国家重点出版物出版规划项目——装配式混凝土建筑基础理论及关键技术丛书系列之一。全书共分为7章,主要包括绪论、装配式混凝土建筑、装配式钢结构建筑、竹木结构与混合建筑、装配式建筑机电安装、装配式装饰装修及展望。另外,附录集中介绍了国家在装配式建筑方面出台的一系列相关政策。

本书可作为工程建设领域工程技术人员的培训用书,也可作为高校土建类专业本科、大专学生教材,亦可作为相关专业硕士研究生选修用书。

图书在版编目(CIP)数据

装配式建筑概论/冯大阔,张中善主编. —郑州:黄河水利出版社,2018.2

(装配式混凝土建筑基础理论及关键技术丛书)

"十三五"国家重点出版物出版规划项目

ISBN 978 – 7 – 5509 – 1946 – 4

I.①装… Ⅱ.①冯…②张… Ⅲ.①建筑工程 – 概论 Ⅳ.①TU

中国版本图书馆 CIP 数据核字(2017)第 331343 号

策划编辑:谌莉 电话:0371 – 66025355 E-mail:113792756@qq.com

出 版 社:黄河水利出版社
地址:河南省郑州市顺河路黄委会综合楼 14 层 邮政编码:450003
发行单位:黄河水利出版社
发行部电话:0371 – 66026940、66020550、66028024、66022620(传真)
E-mail:hhslcbs@ 126. com
承印单位:河南瑞之光印刷股份有限公司
开本:787 mm×1 092 mm 1/16
印张:12.75
字数:310 千字 印数:1—4 000
版次:2018 年 2 月第 1 版 印次:2018 年 2 月第 1 次印刷
定价:42.00 元

序

党的十八大强调，"坚持走中国特色新型工业化、信息化、城镇化、农业现代化道路。"十八大以来，习近平总书记多次发表重要讲话，为如何处理新"四化"关系、推进新"四化"同步发展指明了方向。推进新型工业化、信息化、城镇化和农业现代化同步发展是新阶段我国经济发展理念的重大转变，对于我们适应和引领经济新常态，推进供给侧结构性改革，切实转变经济发展方式具有重大战略意义，是建设中国特色社会主义的重大理论创新和实践创新。

在城镇化发展方面着力推进绿色发展、循环发展、低碳发展，尽可能减少对自然的干扰和损害，节约集约利用土地、水、能源等资源。2016 年印发了《国务院办公厅关于大力发展装配式建筑的指导意见》，明确要求因地制宜发展装配式混凝土结构、钢结构和现代木结构等装配式建筑。力争用 10 年左右的时间，使装配式建筑占新建建筑面积的比例达到 30%。住房和城乡建设部又先后印发了《"十三五"装配式建筑行动方案》《装配式建筑示范城市管理办法》《装配式建筑产业基地管理办法》等文件，全国部分省、自治区和直辖市也印发了各省（区、市）装配式建筑发展的实施意见，大力发展装配式建筑是促进建筑业转型升级、实现建筑产业现代化的需要。

发展装配式建筑本身是一个系统性工程，从开发、设计、生产、施工到运营管理整个产业链必须是完整的。企业从人才、管理、技术等各个方面都提出了新的要求。目前，装配式建筑专业人才不足是装配式建筑发展的重要制约因素之一，相关从业人员的安全意识、质量意识、精细化意识与实际要求存在较大差距。要全面提升装配式建筑质量和建造效率，大力推行专业人才队伍建设已刻不容缓。这就要求我们必须建立装配式建筑全产业链的人才培养体系，须对每个阶段各个岗位的技术、管理人员进行专业理论与技术培训；同时，建筑类高等院校在专业开设方面应向装配式建筑方向倾斜；鼓励社会机构开展装配式建筑人才培训，支持有条件的企业建立装配式建筑人才培养基地，为装配式建筑健康发展提供人才保障。

近年来，在国家政策的引导下，部分科研院校、企业、行业团体纷纷进行装配式建筑技术和人才培养研究，并取得了丰硕成果。此次由河南省建设教育协会组织相关单位编写的装配式混凝土建筑基础理论及关键技术丛书就是在此背景下应运而生的成果之一。依托中国建筑第七工程局有限公司等单位在装配式建筑领域 20 余年所积蓄的科研、生产和装配施工经验，整合国内外装配式建筑相关技术，与高等院校进行跨领域合作，内容涉及装配式建筑的理论研究、结构设计、施工技术、工程造价等各个专业，既有理论研究又有实际案例，数据翔实、内容丰富、技术路线先进，人工智能、物联网等先进技术的应用更体现了多学科的交叉融合。本丛书是作者团队长期从事装配式建筑研究与实践的最新成果展示，具有很高的理论与实际指导价值。我相信，阅读此书将使众多建筑从业人员在装配式建筑知识方面有所受益。尤其是，该丛书被列为"十三五"国家重点出版物出版规划项目，说明我们工作方向正确，成果获得了国家认可。本丛书的发行也是中国建设教育协会在装配式建筑人才培养实施计划的一部分工作，为协会后续开展大规模装配式建筑人才培养做了先期探索。

期待丛书能够得到广大建筑行业从业人员，建筑类院校的教师、学生的关注和欢迎，在

分享本丛书提供的宝贵经验和研究成果的同时,也对其中的不足提出批评和建议,以利于编写人员认真研究与采纳。同时,希望通过大家的共同努力,为促进建筑行业转型升级,推动装配式建筑的快速健康发展做出应有的贡献。

中国建设教育协会

二零一七年十月于北京

前 言

近些年来,装配式建筑在我国得到了长足发展。2016年2月6日颁布的《中共中央国务院关于进一步加强城市规划建设管理工作的若干意见》明确提出,力争用10年左右时间,使装配式建筑占新建建筑的比例达到30%,积极稳妥推广钢结构建筑。2016年9月30日,《国务院办公厅关于大力发展装配式建筑的指导意见》出台,提出:以京津冀、长三角、珠三角三大城市群为重点推进地区,常住人口超过300万人的其他城市为积极推进地区,其余城市为鼓励推进地区,因地制宜发展混凝土结构、钢结构和现代木结构等装配式建筑。2017年3月23日,住房和城乡建设部印发了《"十三五"装配式建筑行动方案》《装配式建筑示范城市管理办法》《装配式建筑产业基地管理办法》,明确了"十三五"期间装配式建筑的工作目标、重点任务、保障措施和示范城市、产业基地管理办法。发展装配式建筑,既减少了大量的现场施工湿作业,又保证了结构的整体抗震性能,是由现场化工厂制造转化的优选方式,符合国家倡导的建筑产业发展方向。

为了推进我国装配式建筑发展,培养装配式建筑急需的设计、施工和管理人才,中国建筑第七工程局有限公司联合其他相关单位和有关高校编写了一套装配式建筑系列教材。本书为该系列教材之一。在本书的编写和出版过程中,参考了国内外装配式建筑发展的最新成果,"十三五"国家重点研发计划项目"施工现场构件高效吊装安装关键技术与装备"(项目编号:2017YFC0703900)也为本书提供了最新研究成果,同时还得到了参编单位和有关领导的大力支持和帮助,对此再次表示衷心的感谢!

全书共分7章,主要包括绪论、装配式混凝土建筑、装配式钢结构建筑、竹木结构与混合结构建筑、装配式建筑机电安装、装配式装饰装修及展望。另外,本书还附有附录。

本书由冯大阔、张中善担任主编,由顿志林、李乃红担任副主编,其他参编人员有郜玉芬、史少博、宋闻辉、李阳、王振兴、赵晋等。

限于编者的水平,书中难免有不妥之处,敬请读者和同行专家批评指正!

作 者

2018年1月

目　录

第1章 绪 论

1.1 装配式建筑的概念

装配式建筑是指部分或者全部建筑构件在预制工厂内生产,然后运输到施工现场,以可靠的方式将预制构件连接并组装成整体,以此形成具有使用功能的建筑。图 1-1 ~ 图 1-3 所示为装配式建筑及其施工现场。

图 1-1 装配式建筑　　　　　　　　　图 1-2 施工现场

图 1-3 装配式建筑施工现场

根据施工过程中使用的材料,装配式建筑可以分为三种结构体系,分别是装配式混凝土结构、钢结构和木结构。

1.1.1 装配式混凝土建筑

装配式混凝土建筑是指组成建筑产品的钢筋混凝土构件在工厂里进行预制生产,经过吊装运输到施工现场,经装配、连接、部分现浇拼装成整体的混凝土建筑。装配式混凝土结构的预制构件主要有预制混凝土外墙、预制混凝土梁、预制混凝土柱、预制混凝土剪力墙、预制混凝土楼板、预制混凝土楼梯、预制混凝土阳台等。

1.1.1.1 按照预制构件的装配化程度高低分类

按照预制构件的装配化程度高低分类,装配式混凝土结构可以分为全装配混凝土结构和装配整体式混凝土结构两类。

1. 全装配混凝土结构

全装配混凝土结构是指所有结构构件均在工厂内生产,运至现场进行装配。全装配混凝土结构一般限制用于低层或抗震设防要求较低的多层建筑。

2. 装配整体式混凝土结构

当主要受力预制构件之间的连接,如柱与柱、墙与墙、梁与柱或墙等预制构件之间,通过后浇混凝土和钢筋套筒灌浆连接等技术进行连接时,可以保证装配式结构的整体性能,使其结构性能与现浇混凝土基本等同,此时称其为装配整体式混凝土结构。装配整体式混凝土结构是装配式建筑的一种特定的类型。

1.1.1.2 按照承重方式不同分类

按照承重方式不同,装配式混凝土结构可以分为框架结构、剪力墙结构及框架—剪力墙结构三大类。各种结构的选择可根据具体工程的高度、平面、体型、抗震等级、设防烈度及功能特点来确定,其装配特点及适用范围如表 1-1 所示。

表 1-1 装配式混凝土结构体系的装配特点及适用范围

项目	装配式混凝土结构体系		
	框架结构	剪力墙结构	框架—剪力墙结构
结构体系	世构体系(法国) 抗震框架体系(日本、韩国) 传统框架结构体系	L 板体系(英国) 大板体系(中国) 半预制体系(德国) 预制墙板体系(日本) 北京万科预制外墙体系 澳大利亚体系	日本 HPC 体系 美国停车楼体系 中国香港预制体系 外墙挂板体系(附属)
预制构件	叠合梁、叠合板的预制部分, 预制柱、楼梯、阳台等	叠合板的预制部分, 预制外墙、楼梯、阳台	叠合板、叠合梁的预制部分, 预制柱、外墙挂板、 楼梯、阳台等

续表 1-1

项目	装配式混凝土结构体系		
	框架结构	剪力墙结构	框架—剪力墙结构
装配特点	通过后浇混凝土连接梁、板、柱以形成整体,柱下口通过套筒灌浆连接	通过现浇混凝土内墙和叠合楼板将预制外墙板、楼梯、阳台等连接为整体,外墙板下口采用套筒灌浆或焊接等方法连接	通过现浇剪力墙和叠合楼板连接预制构件,柱和楼板可采用现浇,外墙可采用柔性连接的外墙板
适用范围	一级抗震 设防烈度:8 度 结构高度:45 m	一级抗震 设防烈度:8 度 结构高度:100 m	一级抗震 设防烈度:8 度 结构高度:100 m

1. 装配式混凝土框架结构

装配式混凝土框架结构是指采用预制柱或现浇柱与各种叠合式受弯构件组合,通过节点区的现浇混凝土连接而成的框架结构。装配式混凝土框架结构的主要预制构件有预制混凝土柱、预制混凝土梁、叠合楼板预制部分、预制外挂墙板等。

预制混凝土柱作为框架结构的主要承重和传力构件,可采用不同的形式,如图 1-4 所示。叠合受弯构件包含预制混凝土梁及与之连接的现浇板,也可采用不同的连接方式,如图 1-5所示。

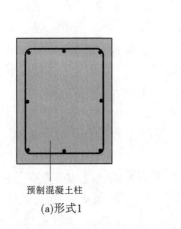
（a）形式1

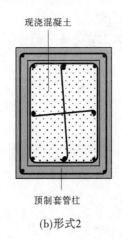
现浇混凝土

（b）形式2

图 1-4 预制混凝土柱截面形式

装配式混凝土框架结构的施工方案有以下四种:

(1)先现浇每层柱,拆模后再安装预制混凝土梁、板,逐层施工;

(2)先支设柱模板,安装预制混凝土梁,浇筑柱混凝土及梁柱节点处的混凝土,后安装叠合楼板预制部分;

(3)先支设柱模板,安装预制混凝土梁和叠合楼板预制部分,后浇筑柱混凝土及梁柱节点和梁板节点处的混凝土。

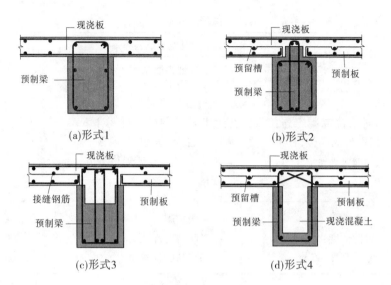

图 1-5　叠合受弯构件截面形式

（4）先吊装预制柱,再吊装安装预制梁和叠合楼板预制部分,最后浇筑梁柱节点及叠合楼板现浇部分混凝土。

我国现行规范对装配式混凝土框架结构的抗震等级及高度限制要求较严格,主要是基于我国目前的装配技术研究成果缺乏,以及材料、设计、施工水平与西方发达国家相比差距较大而设定的限制。另外,我国的混凝土结构设计思想主要侧重于提高抗震设防能力,在采用隔震、减震技术方面较欠缺,因此未来高层装配式混凝土结构须采用与隔震或减震技术相结合的方法代替目前的抗震方法。

2. 装配式混凝土剪力墙结构

装配式混凝土剪力墙结构是指全部或部分剪力墙采用预制墙板构建成的装配式混凝土结构。装配式混凝土剪力墙结构的主要预制构件有预制混凝土剪力墙、预制混凝土梁、预制内隔墙等。装配式混凝土剪力墙结构又包括以下几种结构形式。

1）内浇外挂结构

1990 年以前,我国的剪力墙结构多为现浇混凝土剪力墙结构。这种结构刚度大、整体性好,是一种比较成熟的建造体系。2007 年,万科企业股份有限公司(简称万科)开始在一些项目中应用贴面砖的预制外墙模板现浇承重墙的方式进行施工。在随后的几年中,该企业使用标准化户型,在北京"假日风景""长阳半岛"等项目中使用了预制承重的三明治外墙,并熟练应用装配式和现浇相结合的复合工法,形成了具有企业特色的外墙承重的装配式混凝土剪力墙结构内浇外挂体系。

内浇外挂结构,又称"一模三板",内墙用大模板以浇筑混凝土,墙体内配钢筋骨架,外墙挂预制混凝土复合墙板。内浇外挂结构便于施工,能加快施工进度,提高建筑构件的工厂化加工,在确保工程质量和不降低抗震能力的前提下节省建设投资。其主要的施工特点如下:

（1）现场机械化施工程度高,工厂化程度亦高;

（2）外墙挂板带饰面可减少现场的湿作业,缩短施工装修工期;

（3）外墙挂板构件断面尺寸准确、棱角方正，运输堆放与吊装过程中严格做好产品保护；

（4）外墙挂板板缝防水要十分谨慎地加以处理；

（5）安装时，支座节点焊接必须牢固。

内浇外挂体系适用于20层以下有抗震要求的高层建筑，全部横、纵墙剪力墙均用大模板现浇，而非承重的外墙和内隔墙则采用预制的钢筋混凝土板或硅酸盐混凝土板。该体系要做好以下几个方面的工作：

（1）外墙板的预制；

（2）外墙挂板的安装技术；

（3）外墙防水；

（4）合理安排施工工序。

2）叠合板式剪力墙结构

2007年，西韦德混凝土预制件（合肥）有限公司（简称合肥西韦德公司）引入德国技术，发展了叠合板式剪力墙体系，即双板结构体系。该结构的核心构件是格构钢筋叠合楼板和叠合墙板，如图1-6所示。

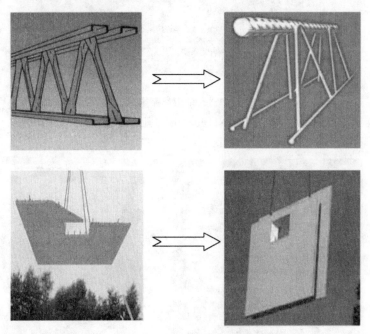

图1-6 叠合楼板和其他相关的预制元素

该体系的特点是，预制墙板由两块预制混凝土板及连接两板的斜拉钢筋组成，预制构件经过叠合定位后，将混凝土注入两板的空隙中。目前，叠合墙板和叠合楼板可以应用在地上剪力墙结构的建筑和地下车库中。这种结构的特点如下：

（1）构件的加工工艺决定的非固定模数的特点决定了叠合板应用的广泛性，如图1-7所示。

（2）结构预制率高，如图1-8所示。

主结构的预制率直接体现了该结构的装配式程度。预制率高就直接减少了现浇作业，

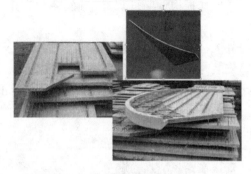

图 1-7　叠合板几何形状和尺寸灵活

图 1-8　结构预制率高

避免了现浇作业的通病，从而有效提高了主结构的施工质量。

（3）防水理念及防水效果好，如图 1-9 所示。

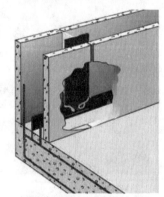

(a)拼缝外防水处理　　　　　(b)拼缝内设改性沥青止水钢板

图 1-9　防水处理

（4）施工速度快，精度高，便于主体结构的质量控制，施工过程如图 1-10 所示。

（5）质量通病少，全寿命周期维护成本大大减少。

（6）整合其他部品部件的空间大。

3）装配整体式混凝土剪力墙结构

装配整体式混凝土剪力墙结构是指全部或部分剪力墙采用预制墙板，通过节点部位的

图 1-10 施工过程

连接形成具有可靠传力机制,并与现场浇筑的混凝土形成整体的装配整体式混凝土结构。

装配整体式混凝土剪力墙结构中,由于墙体之间接缝数量多且构造复杂,接缝的构造措施及施工质量对结构整体的抗震性能影响较大,使其结构抗震性能很难完全等同于现浇结构。因此,装配整体式混凝土剪力墙结构的最大适用高度相比现浇结构要降低。

3. 装配式混凝土框架—剪力墙结构

装配式混凝土框架—剪力墙结构应明确剪力墙以现浇为主,框架部分的梁、板、柱可采用预制,采用叠合楼板或现浇楼板加强预制构件与现浇结构的连接,实现基于可等同现浇结构的设计原则。

以上三种主要的结构建筑都是基于基本等同现浇混凝土结构的设计概念,其设计方法与现浇混凝土结构基本相同。

装配式混凝土结构与现浇钢筋混凝土结构的主要区别在于生产方式不同,也即由于存在现场拼接,带来了构件和节点的设计方法、施工方式的变化。装配式混凝土结构当前面对的主要问题是如何通过合理的节点连接确保建筑物具有同现浇混凝土结构相当的结构性能,以及如何简化和优化施工方法,进一步缩短工期,提高效率和品质。

与现浇施工工艺相比,装配式混凝土结构施工工艺具有如下特点:

(1)施工进度快;

(2)施工现场劳动力减少,交叉作业方便有序;

(3)每道工序都可以检查精度,保证质量;

(4)结构施工占地少、现场用料少、湿作业少,明显减少了运输车辆,降低了施工机械噪声;

(5)对施工现场周围居民生活干扰较少,有利于环境保护和文明施工;

(6)节省了大量模板工程;

(7)外饰面与外墙板可同时在工厂完成,现场可一步达到粗装修水平;

(8)降低水电消耗,从而达到节能减排目的。

1.1.2　钢结构建筑

与其他建筑结构形式相比,钢结构是一种最符合"绿色建筑"概念的结构形式。因为钢结构最适合于工厂化生产,可以将钢结构的设计、生产、施工、安装通过平台实现一体化,变"现场建造"为"工厂制造",提高建筑的工业化和商品化水平。同时,钢结构自重轻,造价低,其施工安装便捷,施工周期短,且可以实现现场干作业,减少对环境的污染,材料还可以回收利用,符合国家倡导的环境保护政策。

我国钢结构建筑和钢结构标准规范体系的发展可以概括为四个发展阶段。20世纪50年代为第一阶段,60~70年代为第二阶段,80~90年代为第三阶段,21世纪初为第四阶段。

20世纪50年代初期,苏联援建我国156个大型建设项目,其中大型工业厂房项目多数采用钢结构。这些厂房的设计直接催生了我国第一版钢结构设计规范(54版《钢结构设计规范》)的诞生。

到20世纪60~70年代,因为工业发展的需求,国家各部门对钢材的需求大幅增加,但是钢产量仍然有限。而54版《钢结构设计规范》采用了苏联设计规范,适用于苏联的气候条件和经济条件,造成建筑用钢量较大。于是我国结合本国国情和10余年工程、设计、科研成果,编写了自己的钢结构规范,即69版《弯曲薄壁型钢结构技术规范》和74版《钢结构设计规范》。另外,由于节约钢材的政策和焊接空心球和螺栓球网架节点的成功研发,全国各地的网架工程快速增多,其中1964年第一个平板网架工程在上海完成。

20世纪80~90年代,改革开放政策带来全国工程建设的巨大需求,钢结构建筑迎来快速发展时期。很多新技术或研发成功或从国外引入,并应用于工程实践。如1987年我国第一栋高层钢结构建筑——高165 m的深圳发展中心大厦建成。其他厂房框架结构,包括平板网架和网壳的空间结构,空间结构和拱、钢架组成的混合体系,钢和混凝土混合结构,悬索结构,膜结构,以门式刚架、拱形波纹屋顶为代表的轻钢结构等工程的出现,标志着我国钢结构工程技术的逐渐成熟。

21世纪初至今,随着经济的持续发展和基础设施的广泛建设,我国钢结构工程进入快速发展阶段:大批采用钢结构和钢-混凝土组合结构的高层、超高层地标性建筑,大量应用空间大跨度钢结构体系的体育场馆、展览文化建筑和车站、航站楼类型建筑出现。传统结构形式如高层钢结构、空间结构继续快速发展的同时,新结构形式和技术如钢板剪力墙结构、张悬梁、张悬桁架、预应力钢结构建筑等也不断出现并快速发展。

现代钢结构建筑是指标准化设计、工业化生产、装配化施工、一体化装修、信息化管理、智能化应用、支持标准化部件的钢结构建筑。目前,应用较多的钢结构有钢框架结构、钢框架剪力墙结构、钢框架支撑结构、钢框架核心筒结构、轻钢龙骨结构等。

1.1.2.1　钢框架结构

钢框架结构的主要受力构件是框架梁和框架柱,它们共同作用抵抗竖向和水平荷载。框架梁有I型、H型和箱型梁等种类,框架柱有I型、空心圆钢管或方钢管柱、方钢管混凝土柱等种类。该体系在建筑体系中技术最成熟、使用最多,一般应用于6层及以下的低层、多层建筑和抗震设防烈度相对较低的地区(见图1-11),国外3层以下住宅也多采用此形式。

钢框架结构的优点如下:

(1)设计简单,受力和传力体系明确。

图 1-11 唐山民用钢结构框架住宅

（2）梁柱截面小而跨度大，平面布置灵活，可组成较大开间。

（3）自重轻，延性好，刚度均匀，可以显著减轻结构传至基础的竖向荷载和地震作用。

（4）充分利用建筑空间，由于柱截面较小，可增加建筑使用面积2%～4%。

（5）杆件形状规则，预制和安装都很简单，施工速度快。

钢框架结构也具有一定的缺点，主要包括以下内容：

（1）纯框架结构缺少侧向支撑，结构的侧向刚度较小，在水平荷载作用下的二阶效应不可忽视。地震时侧向位移较大，容易引起非结构性构件的破坏。

（2）节点采用刚接或半刚接，地震时会产生较大的应力集中，很难避免节点的开裂、支撑的压曲等震害。

（3）耐火性能差，钢结构中的梁、柱、支撑及作承重用的压型钢板等要求喷涂防火涂料。

1.1.2.2 钢框架剪力墙结构

钢框架剪力墙结构是以框架为基础，为增强结构的侧向刚度，防止侧向位移过大，沿其柱网的两个方向布置一定数量剪力墙的建筑（见图1-12）。在钢框架剪力墙结构中，钢框架承担全部的竖向荷载，而钢框架和剪力墙协同承担由水平荷载引起的水平剪力。由于剪力墙的抗侧刚度较强，因而在多高层建筑中采用此种结构体系具有很大优势。

图 1-12 钢框架剪力墙结构建筑

钢框架剪力墙结构多适用于 7~18 层的小高层、高层和地震区多高层钢结构建筑。常见的钢框架剪力墙结构有现浇钢筋混凝土剪力墙、钢板剪力墙、预制剪力墙和内藏钢板支撑剪力墙等。

钢框架剪力墙结构的优点如下：

(1)侧向刚度较大,整体稳定性较好；

(2)结构分析简单,传力路径明确；

(3)剪力墙的防火耐火性好,可提高结构的抗火性能；

(4)钢柱的截面尺寸较小,用钢量少,成本较低。

钢框架剪力墙结构的缺点如下：

(1)当遇到高烈度地震时,框架与剪力墙的节点处易产生应力集中,造成墙体局部破坏；

(2)现浇混凝土剪力墙为现场湿作业,施工周期较长,且受天气影响较大。

1.1.2.3　钢框架支撑结构

钢框架支撑结构是在框架结构的部分框架柱之间设置横向型钢支撑,形成支撑框架的建筑(见图 1-13),其中的钢框架主要承受竖向荷载,钢支撑则承担水平荷载,形成双重抗侧力的结构体系,多适用于高层钢结构建筑。钢支撑可采用角钢、槽钢和圆钢等,主要用途是增加结构的侧向刚度。支撑体系包括人字形、十字交叉等中心支撑形式和门架式、单斜杆式、V 形、倒 Y 形等偏心支撑形式;支撑结构一般布置在外墙、分户墙、楼梯间和卫生间的墙上,可根据需要在一跨布置或多跨布置。

图 1-13　钢框架支撑结构建筑

钢框架支撑结构的优点如下：

(1)支撑的设置提高了梁、框架和压杆的承载稳定性。

(2)结构侧向刚度较大,有效减小了梁柱的截面面积,节约钢材和成本。

(3)体系采用全钢构件,便于工厂化加工生产。

钢框架支撑结构的缺点如下：

（1）节点为梁、柱和钢支撑三种构件的连接,构造复杂。

（2）传力路线较长,侧向刚度较小。

（3）支撑影响洞口的位置设置,降低了建筑布局的灵活性。在钢支撑处无法采用墙板,只能采用砌筑方式。

1.1.2.4　钢框架核心筒结构建筑

钢框架核心筒结构建筑是以钢框架为基础,近中心部位通过现浇混凝土墙体或密排框架柱围成封闭核心筒的建筑。该结构中框架和筒体为铰接,钢框架承担全部竖向荷载,核心筒则承担全部水平荷载,筒体结构一般布置在卫生间或楼梯间、电梯间的位置。由于综合受力性能好,钢框架核心筒体系目前在我国应用极为广泛,特别适合于地基土质较差地区和地震区,新建的高层和超高层建筑几乎都采用了钢框架核心筒体系,如我国目前已建成的第一高楼上海中心大厦(见图 1-14)。

图 1-14　上海中心大厦

钢框架核心筒结构的优点如下:

（1）节约钢材,造价较低。结构各部分受力分工明确,核心筒抗侧刚度极强,一般将框架柱布置在阳台和转角部位,不占用住宅的布置空间,且装修方便。

（2）核心筒采用现浇施工方法,使得卫生间具有良好的防水性能。

（3）除筒体部分为现浇外,其余构件均可以工厂化生产,缩短工期达 30% ~40%。

钢框架核心筒结构的缺点如下:

（1）钢框架与核心筒的刚度差别大,核心筒承担大部分的水平力,强震作用下的钢筋混凝土核心筒很容易被破坏;

（2）筒体的连接构造复杂，施工技术水平要求较高；

（3）混凝土现场作业量较大。

1.1.2.5 轻钢龙骨结构

轻钢龙骨结构建筑由北美传统木结构房屋衍变而来，一般应用于低层钢结构住宅和别墅。制作轻钢龙骨的材料一般分为两类：一类是冷弯薄壁型钢，一般由双槽或四槽钢构成梁柱，自重为普通钢结构的 33% ~ 50%；另一类是热轧型钢，一般由间距在 1.2 ~ 2.0 m 的轧制矩形钢或 H 型钢制成钢柱、钢梁。轻钢龙骨的截面形状主要分为 C 型槽钢和 C 型立龙骨两类，宽度根据结构部位不同、荷载不同或者构件需要不同而变，一般为 60 ~ 360 mm 不等。轻钢龙骨结构的外墙和楼板，均采用经过防腐处理的高强冷弯或冷轧镀锌钢板制作。轻钢龙骨结构体系的荷载传递方式为：柱子与竖向龙骨和支撑、隔板组成受力墙，竖向荷载通过楼面梁传至受力墙的龙骨，再由柱子传至基础，水平荷载则由楼板经承重墙再传至基础。轻钢龙骨结构建筑如图 1-15 所示。

图 1-15 轻钢龙骨结构建筑

轻钢龙骨结构的优点如下：

（1）构件实现工厂化生产，机械化程度高，施工周期短；

（2）承重构件梁和柱可以隐藏到墙体内部，装修美观；

（3）自重轻，仅为砖混结构的 1/6 ~ 1/4；

（4）地基、基础的设计、构造和处理简单。

轻钢龙骨结构的缺点如下：

（1）梁柱节点为铰接，整体的侧向刚度较小；

（2）冷弯型钢品种较少，目前国内该体系的工程经验不足；

（3）成本较高。

1.1.3 木结构建筑

木结构建筑在中国具有悠久的历史，以山西应县木塔（见图 1-16）和山西五台县南禅寺大殿（见图 1-17）为代表的我国古代木结构建筑，在国际上久负盛名，具有极高的历史、艺术和科学价值。在中国建筑史上，木结构建筑占有十分重要的地位，很早就出现了有关木结构建筑的标准。

图 1-16 山西应县木塔
（建于 1056 年，现存最高最古老的木塔）

图 1-17 山西五台县南禅寺大殿
（建于 782 年，现存最早的木结构建筑）

1091 年，宋代编撰的《营造法式》一书，是由官方颁布的第一部有关木结构建筑设计、施工的规范书，是我国古代最完整的建筑技术资料，也是我国木结构建筑最早的法律法规。《营造法式》一书制定和采用了模数制，总结了大量的木结构技术经验，促进了我国木结构建筑技术的发展。

1734 年，为加强木结构建筑的管理，清代颁布了《工程做法则例》，制定了工程标准、工程预算、工程做法，统一了清代官式建筑的体制和等级。《工程做法则例》比较系统和全面地规范了建造技术的标准。

宋代的《营造法式》和清代的《工程做法则例》都是我国古代木结构建筑技术规范的典范，在木结构建筑的发展历史上起到了十分重要的作用。

我国古代木结构建筑是采用榫卯连接的梁柱体系，木梁、木柱采用自然生长的树木通过人工锯解加工而成，梁柱之间采用榫卯节点相互连接形成结构承重体系。该体系的梁柱受原木直径尺寸大小限制，木材用量较大，因此后来多数被现代木结构建筑所取代。现代木结构建筑是指梁、柱、楼盖、屋盖等主要结构构件的材料完全采用装配式、标准化生产的木材或工程木产品制作，构件之间的连接节点采用金属连接件进行连接和固定的建筑。现代木结构建筑具有节能环保、绿色低碳、美观舒适、有利抗震、建造容易等优点，是现代优秀建筑的重要组成部分。

随着木结构建筑技术的发展，现代木结构建筑的应用已有很大的突破，它打破了传统梁柱的结构体系，使木材的各种力学性能优势得到充分发挥，应用范围也不断扩大。随着加工技术的发展，木结构建筑装配化生产的程度也越来越大，范围也越来越广。目前，木结构建筑装配化生产已在木材加工、木构件制作和建筑木部品制作等方面得到了大量应用。

20 世纪 50 年代至 70 年代，由于国家基本建设的需要，木材作为取材容易的地方性建筑材料得到大量应用，因此木结构建筑在很多地区占有相当大的比重。当时，木结构建筑不仅用于民用和公共建筑，还大量应用于工业建筑的厂房，基本上采用的是方木原木结构，主要用于建筑屋面的木屋架和木桁架系统。20世纪80年代初至90年代末，随着其他建筑材料的出现，以及对森林过度采伐造成的资源短缺等，木结构建筑的设计和施工技术发展变得十分缓慢，木材在建筑结构领域中的应用也呈下降趋势。在这期间，我国木结构技术领域的研究处于停滞不前的状况，相关标准的技术内容和制定都落后于世界先进水平，大量的木结构相关企业绘绘关闭或转产，许多木结构研究单位和研究人员纷纷改变自己的研究方向。

从1998年开始，为保护森林资源，我国政府实施天然森林保护工程，大幅度调低木材砍伐总量，但是随着环保绿色的发展需求、国外木结构技术的发展，国家采取了一系列鼓励木材进口的措施来维持木材供需平衡，大量进口木材在工程建设中得到广泛应用，现代木结构也相继在我国出现并得到各方的认可。

目前，我国木结构建筑主要应用于3层及3层以下的建筑。木结构建筑按使用功能区分，普遍应用在以下几个方面：

（1）传统民居（见图1-18）：少数民族地区大量的居住建筑仍然采用传统的木结构建筑。这类木结构的民居通常采用当地的木材，由当地经验丰富的工匠建造。工匠的建造技术也通过世代相传的师傅教徒弟的方式得以继承。

（2）住宅建筑（见图1-19）：独立住宅（别墅）、联体别墅、私人住宅等。这类木结构建筑通常采用方木原木结构和轻型木结构建造，应用的范围遍及全国各地。不仅有住宅小区，还有许多私人建造的住宅建筑。

图1-18　广西三江在建的侗族民居　　　　图1-19　海南红树湾三十三棵墅

（3）综合建筑（见图1-20、图1-21）：会议中心、多功能场馆、博览建筑、游乐园项目等。我国此类木结构建筑占有较大的比例，是通常应用的建筑类型，应用范围遍及全国各地，建筑规模大小不一，结构形式也各不相同。

图1-20　河北唐山曹妃甸国际会议中心

（4）旅游休闲建筑（见图1-22～图1-24）：度假别墅、酒店、敬老院、俱乐部会所、休闲会所等，这类建筑是经常采用木结构建筑的类型之一。

图 1-21 贵州百里杜鹃风景区多功能馆

图 1-22 天津泰达悦海酒店

图 1-23 四川省九寨沟旅游区度假别墅

图 1-24 青岛万科小珠山游客中心

(5) 文体建筑:教学楼、培训中心、体育馆、体育训练馆等。目前,这类建筑中只有很少一部分采用木结构建造,如四川都江堰向峨小学、绵阳市特殊教育学校、国家游泳队训练馆等。但是,这类建筑也是我国木结构建筑最有发展前景的一类建筑。

(6) 寺庙建筑(见图 1-25):寺庙大殿、门楼、塔楼。随着人们继承和发扬传统文化的认识不断提高,以及对宗教文化的尊重,木结构建筑在体现传统文化的建筑中已得到适当的应用。虽然现代木结构建筑在寺庙建筑中的应用与传统木结构建筑有较大的不同,但是,对于现代新建的寺庙建筑的发展仍具有积极的意义。

我国木结构建筑应用的现状表明:一是现代木结构建筑已在我国各地被广泛采用,木结构既可建造高级别墅,也可建造普通的居住建筑,能够满足不同层次的需求。二是现代木结构建筑应用范围十分广泛,能有效地适应各种各样建筑功能的要求。三是基于我国建筑业的实际

图 1-25　广西柳州开元寺大雄宝殿

情况,无论木结构建筑以何种方式建造,它在建筑市场的占有率还相对较小,但各种现象表明,在我国木结构已越来越受到各界的关注,越来越得到人们的认可,并且已迈入新的发展阶段。

木结构建筑按结构构件采用的材料类型不同,可分为轻型木结构建筑、胶合木结构建筑、方木原木结构建筑及木组合结构建筑。

1.1.3.1　轻型木结构建筑

轻型木结构建筑是由规格材、木基结构板材或石膏板制作的木构架墙体、楼板和屋盖系统构成的单层或多层建筑(见图 1-26)。墙体使用墙骨柱作为支撑结构,将间距紧密的规格材部件和覆盖层联合使用,以形成一栋建筑物的结构基础。此结构基础可提供刚性,为内装修和外包层提供支持,并为放置保温材料留出空洞。墙骨柱、楼盖格栅、轻型木桁架或椽条之间的间距一般为 600 mm,当设计特别要求增加桁架间距时,最大间距不超过 1 200 mm。外墙的墙骨柱内侧为石膏板,外侧为定向刨花板(OSB 板)、胶合板、外挂板或其他饰面材料,墙骨柱之间填充不燃保温材料以达到防火标准。构件之间可采用钉、螺栓、齿板连接及通用或专用金属连接,以钉连接为主。轻型木结构可建造居住、小型旅游和商业建筑等,适用于 3 层或 3 层以下的民用建筑,见图 1-27、图 1-28。

图 1-26　轻型木结构建筑

图1-27 海南红树湾三十三棵墅

图1-28 北川羌族红枫养老院

1.1.3.2 胶合木结构建筑

胶合木结构建筑是指采用胶黏方法将木料或木料与胶合板拼接成尺寸及形状符合要求而又具有整体木材效能的构件和结构,用木板或小方木重叠胶合成矩形、工字形或其他截面形式的构件及由其组成的建筑,见图1-29。层板胶合不仅可以小材大用、短材长用,还可将不同等级(或树种)的木料配置在不同的受力部位,做到量材适用,提高木材利用率。木材通过工业化生产、加工,利用化学黏合、高压成型和材料改性满足结构要求。胶合木结构房屋的墙体可以采用轻型木结构、玻璃幕墙、砌体墙以及其他结构形式。构件之间主要通过螺栓、销钉、钉、剪板以及各种金属连接件连接。胶合木结构适用于单层工业建筑和多功能大中型公共建筑,如大空间、大跨度的体育场馆,见图1-30。

图1-29 胶合木结构建筑

图1-30 加拿大列治文椭圆速滑馆

1.1.3.3 方木原木结构建筑

方木原木结构建筑采用规格及形状统一的方木、圆形木或胶合木构件叠合制作,是集承重体系与围护结构于一体的木结构建筑,其肩上的企口上下叠合,端部的槽口交叉嵌合形成内外围护墙体。木构件之间加设麻布毡垫及特制橡胶胶条,以加强外围护结构的防水、防风及保温隔热性能。方木原木结构建筑具有优良的气密、水密、保温、保湿、隔音、阻燃等各项绝缘性能,原木结构建筑自身具有可呼吸性,能调节室内湿度。方木原木结构建筑适用于住宅、医院、疗养院、养老院、托儿所、幼儿园、体育建筑等,见图1-31、图1-32。

1.1.3.4 木组合结构建筑

木组合结构建筑是指由木结构或其构件、部件和其他材料(如钢、钢筋混凝土或砌体

图 1-31　方木原木结构建筑

图 1-32　方木原木结构养老院

等)组成共同受力的建筑。

　　上部的木结构与下部的钢筋混凝土结构通过预埋在混凝土中的螺栓和抗拔连接件连接,实现木结构中的水平剪力和木结构剪力墙边界构件中拔力的传递。与下部钢筋混凝土结构相比,上部木结构质量轻,侧向刚度较小,具有下重上轻、下刚上柔的非均匀结构特点。

　　木组合结构建筑可采用以下两种形式:

　　(1)上部为木结构,下部为其他结构的组合结构形式。若下部为 4 层钢筋混凝土结构,上部为 3 层木结构,可简称"4 +3"组合结构。

　　(2)在混凝土结构、砌体结构或钢结构中,采用轻型木楼盖或轻型木屋盖作为水平楼盖或屋盖的组合结构形式,如轻型木桁架用在平屋面改坡屋面工程中,见图 1-33。

图 1-33　轻木混凝土上下组合结构建筑

尽管木结构建筑的允许层数最高为 3 层,但作为木结构组合建筑则可建到 7 层,即上部木结构建筑仍为 3 层,下部钢筋混凝土或砌体等结构为 4 层,这增加了木结构的应用范围,是一种可行的组合结构形式。

1.2 装配式混凝土建筑国内外发展现状

1.2.1 装配式混凝土建筑的起源与发展

装配式混凝土建筑起源于 19 世纪的英国,工业革命导致城市化的快速发展。1875 年,Lascell 提出了在结构承重骨架上安装预制混凝土墙板的建筑方案,即采用预制混凝土墙板和预制混凝土楼板固定在木结构、现浇混凝土结构或钢结构等主体结构上的建筑方案。预制混凝土墙板只起到围护、分割作用,只承受自重和水平风荷载。这种建筑可用于别墅和乡村住宅,采用干挂预制混凝土墙板的方法可以降低住宅和别墅的造价,减少施工现场对建筑工人的需求。

19 世纪末,装配式混凝土建筑传到法国、德国等欧洲国家;20 世纪初,预制混凝土结构传到美国。因为预制混凝土结构采用工业化的生产方式,符合资本主义工业化大生产的要求,再加上这些国家处在大发展时期,所以预制混凝土建筑在上述国家得到了快速发展。其中,法国对配筋预制混凝土建筑的发展做出了较大的贡献,而美国则对预应力与预制混凝土技术的结合起到了积极的推动作用。

预制混凝土结构真正得以运用和发展的时期是第二次世界大战以后。这一时期,各国为了缓解住宅不足而进行大量公共性质的住宅建设,而第二次世界大战后劳动力普遍缺乏,工业化生产的预制混凝土结构符合当时的需求,在欧美各国和地区得到了广泛应用。在此期间,东欧国家的预制混凝土技术也得到了迅速发展,我国的预制混凝土技术也是在这一时期从效仿苏联开始起步的。

政府在早期推行工业化方面发挥了主导作用。具体表现在两个方面:一是通过优惠政策、标准制定、技术认定等进行诱导;二是通过公共建筑建设计划来实际采用和推广工业化。在此阶段,东欧国家发展了很多新型预制混凝土技术,如盒子建筑、预制折板、预制壳等。预制混凝土结构的应用涵盖了大多数建筑领域,包括住宅、办公楼、工业厂房、仓库、公共建筑、体育建筑等。如 1957 年宾夕法尼亚州费城大学理查兹医学研究大楼,其中心塔楼采用后张法预应力现浇混凝土,其余全部采用预制,整体装配。

1973 年发生第一次世界石油危机,此时世界的经济环境也发生了极大的改变。由于大规模的建设,之前住宅数量不足的问题得到了解决。此时,许多国家开始减少公共性住宅的建设,导致住宅产业内的大型板式工法应用较少,过于标准、单调的住宅设计也受到批评。石油危机后,装配式建筑工法有所改变,开始尝试多元化的设计,实现从量到质的转换。

20 世纪末期,预制混凝土结构开始广泛应用于工业与民用建筑、桥梁道路、水工建筑、大型容器等工程结构领域,发挥着不可替代的作用。

近 20 年来,预制混凝土结构又有了一些新的发展,主要体现为新材料的使用、对社会可持续发展影响的研究、钢—混凝土预制组合的发展及预制混凝土结构抗震性能和设计规范的研究等。之前的装配式侧重于装配式结构的研究和完善,而忽略了建筑设计与规划设计,此时法国的装配式开始注重质量,着重于增加建筑面积,提高隔热、保温等住宅性能,推广样板政策。

现代预制混凝土和早期预制混凝土相比有以下特点：

（1）预制混凝土技术与预应力技术相结合。

如钢绞线配筋的大跨度预应力圆孔板、大跨度预应力预制梁、折板、T型板，利用预应力拼接的节点、结构等。

（2）普遍使用高强材料。

新材料的使用推动了预制混凝土的使用，如高强度高性能的灌浆材料和高强钢筋等。

（3）模块化、标准化生产。

随着预制混凝土规范和设计手册的不断改进、细化，预制混凝土结构的设计和建造逐步向模块化、标准化的方向发展，美国PCI设计手册提供了典型构件和典型节点的标准做法，这样有利于统一产品质量，降低设计难度，增加产品的通用性。

（4）以最终建筑产品为对象。

新型装配式混凝土结构将基础工程、主体工程、砌筑工程、屋面工程、装饰工程、建筑设备工程（包括水电安装、空调通风采暖、厨房卫生设备等）均纳入预制结构的范畴之中，在具体设计装配式方案时，将承重墙体、地板的装修、保温一并做好，并预留了建筑设备所需的孔洞、预埋件等，或是先将能够安装的建筑设备安装好，再将这些结构构件进行现场装配，装配完成后，仅需简单的工序即可完成该项建筑产品。

（5）预制混凝土与3D打印技术相结合。

将建筑用油墨从打印喷头中挤压出来，连续打印，一层层叠加，每层的厚度可以为0.6～3 cm，多层叠加之后就能形成一个数米高的建筑构件，多个建筑构件在一起就能拼成一栋完整的房子。图1-34为2016年9月22日山东滨州利用3D打印技术建造的苏式庭院。建房使用的建筑打印机高达150 m，宽20 m，高6 m。3D打印装配式建筑，完全颠覆了传统的建筑工地嘈杂无章、尘土飞扬的形象。

图1-34　3D打印技术建造的苏式庭院

目前，美国、日本、新西兰等国均有相应的装配式混凝土结构技术规程。美国联邦政府和城市发展部颁布了美国工业化住宅建设和安全标准。发达国家的预制装配式混凝土结构在建筑中所占的比例很大，美国约为35%，欧洲国家为35%～40%，日本则超过50%。

1.2.2　日本装配式混凝土建筑的发展

日本装配式混凝土建筑的发展可以分为以下三个阶段。

第一阶段（1955～1965年）：预制装配式建筑的开发期。1956年日本开发了2层的建筑壁式预制住宅,即预制大板式建筑。1960 年开始进行中层集合住宅的研究,1961 年采用纯剪力墙工法建设四层集合住宅并取得成功。后来,技术逐步发展,可以做到 5 层。在这个经济高速成长期,5 层以下的预制大板式建筑被大量建设。1964 年住宅公团设立大批量生产试验场,开发使用水平钢模板、蒸汽养护的工厂制作技术,从此装配式建筑真正成为工业化的主角登上历史舞台。

第二阶段(1965～1975 年):预制装配式住宅的最盛期。1970 年,住宅公团 HPC(预制混凝土高层结构)工法被应用到 14 层的高层住宅建设中。但是,1973 年的第一次石油危机后,由于土地不足,住宅小区小型化,同时需求多样化、高级化,使预制混凝土工法建造的住宅急速减少。1967～1974 年进行了一系列的足尺结构试验,充分考证了装配式混凝土结构体系的抗震性能。这种装配式混凝土结构体系历经数次大地震,没有出现因结构问题而损坏建筑的报告。

第三阶段(1975 年以后):预制装配式混凝土建筑的再度发展期。1975 年开始实施钢筋混凝土构造的装配化,即从现浇混凝土向预制混凝土转变。在此期间,预制混凝土框架结构施工工法被开发实施。因此,预制大板式工法的应用也向预制混凝土框架结构工法转化,而且预制混凝土框架结构工法也逐渐从多层向高层、超高层发展。为了解决超高层建筑预制柱断面过大的问题,高强混凝土及高强钢筋开始被应用到实际工程中。20 世纪 80 年代以后的装配式建筑工法较 70 年代以前的工法,从目的到方法都有了较大的变化。这一时期,日本已经解决了住宅不足的问题,但是随着人口向大城市集中,城市集合住宅建设仍不断增加,而且建筑规模越来越大,数十层数万平方米的大型住宅层出不穷,劳动力不足已成为社会问题,因此预制组装工法成为省力、保工期、保质量的重要手段。

20 世纪 90 年代初,日本开始应用装配式混凝土建筑。已建成的 40 余栋建筑主要采用装配式混凝土墙板等大板构件,涵盖学校、停车场、仓库、工厂等各个领域。这些建筑中最具有代表性的应属世界物流中心,其建筑面积为 218 700 m^2,5 层仓库,耗时仅 200 个工日。通过对东京货物车站的综合经济效益研究分析表明,采用多层装配式混凝土框架结构比采用多层现浇框架结构每层节省工期 10 天左右,而该结构有 5 层,故可节省工期约 50 天。多层装配式混凝土框架结构体系的优势不仅体现在工期方面,而且在施工、工程管理等方面均有突出优势。

同时,日本开始采用"压着工法"施工技术,由于大部分构件均在工厂预制,从而既保证了工程质量,又大大缩短了建设工期。到目前为止,该技术已广泛应用在日本许多装配式建筑当中。如日本横滨国际综合竞技场,是日本入座数最多的多用途运动场,也是 2002 年世界杯足球赛决赛场地,于 1998 年 3 月落成启用,建筑面积达 171 024 m^2(见图 1-35)。图 1-36 为日本大阪大型物流中心,地上 7 层,地下 1 层,最大高度为 50.95 m,2007 年 5 月竣工,总建筑面积大约 158 197 m^2。另外,日本东京多摩境公寓和日本筑波学园都市,也是应用"压着工法"施工技术而建成的预压装配式混凝土建筑(见图 1-37、图 1-38)。

图1-35　日本横滨国际综合竞技场

图1-36　日本大阪大型物流中心

图1-37　日本东京多摩境公寓

图1-38　日本筑波学园都市

与此同时,日本的预制混凝土建筑体系设计、制作和施工的标准规范也很完善,目前使用的预制类规范有《预制混凝土工程》(JASS10)和《混凝土幕墙》(JASS14)等。

1.2.3　北美装配式混凝土建筑的发展

北美地区装配式建筑建造以美国和加拿大为主,由于预制/预应力混凝土协会(PCI)长期研究与推广预制建筑,预制混凝土的相关标准规范也较完善,所以其装配式混凝土建筑应用非常普遍。北美的预制建筑主要包括建筑预制外墙和结构预制构件两大系列,预制构件的共同特点是大型化及和预应力相结合,可优化结构配筋和连接构造,减少制作和安装工作量,缩短施工工期,充分体现工业化、标准化和技术经济性特征。

近几十年来,美国装配式混凝土框架结构的应用也有明显增长的趋势。商业大厦、停车库、公寓、汽车旅馆和学校等各种装配式建筑,主要采用预制混凝土板与现浇混凝土形成的装配式混凝土楼盖,采用现浇柱或预制牛腿支承预制叠合梁,利用梁与柱之间的连续节点保证在侧向荷载作用下结构的整体性和稳定性。这些多层装配式混凝土框架结构建筑在强震下仍没有遭到损坏,显示了良好的抗震性能。Paramount公寓是地震设防区内最高的装配式混凝土框架结构建筑。它位于美国圣弗朗西斯科商业区中心,39层,高128 m,于2001年7月竣工,结构的造价比同规模的钢结构建筑减少了400万~600万美元,且工期缩短了3~4

个月。

1.2.4 德国装配式混凝土建筑的发展

欧洲是预制建筑的发源地,早在 17 世纪就开始了建筑工业化之路。第二次世界大战后,由于劳动力资源短缺,欧洲更进一步研究探索建筑工业化模式。无论是经济发达的北欧、西欧,还是经济欠发达的东欧,一直都在积极推行装配式混凝土建筑的设计施工方式,积累了许多装配式混凝土建筑的设计施工经验,形成了各种专用装配式建筑体系和标准化的通用预制产品系列,并编制了一系列装配式混凝土工程标准和应用手册,对推动装配式混凝土建筑在全世界的应用起到了非常重要的作用。其中,德国的住宅预制构件比例达94.5%。

德国的装配式建筑主要采用叠合板、混凝土剪力墙结构体系,主要预制构件为剪力墙、梁、柱、楼板、内隔墙、外挂板、阳台板。其构件生产已实现工业化、专业化、标准化、模块化、通用化,其构件部品易于仓储、运输,可多次重复使用、临时周转并具有节能低耗、绿色环保的性能。德国在推广装配式产品技术、推行环保节能的绿色装配方面有较长的经历,目前较成熟,已建立了非常完善的绿色装配及其产品技术体系。

1.2.4.1 DIN 设计体系

德国装配式建筑"DIN 设计体系"颁布于 1990 年 11 月,由建筑和土木工程标准委员会与德国钢结构委员会联合制定。其体系已逐步纳入德国的工业标准。它是在模数协调的基础上实现了部品的尺寸等标准化、系列化,使德国住宅装配部件的标准发展成熟通用,市场份额达到 80%。该体系的设计原则如下。

1. 设计理念

"DIN 设计体系"要求从局部到整体的模块组合。首先是由主卧、次卧、客厅、厨房、卫生间等按照设计需求并结合相关模数尺寸制定一系列功能性模块;功能性模块组成后再组装成 A、B、C、D 等一系列户型,即户型模块;户型模块确定后进行自由拼装,完成单元模块;最后由不同的单元模块组合到一起形成各种建筑单体。

2. 模数协调

设计中应遵守模数协调的原则,做到建筑与部品模数协调,以及部品之间的模数协调和部品的集成化和工业化生产,实现土建与装修在模数协调原则下的一体化,并做到装修一次性到位。

3. 建筑规范

以简单、规则为原则,避免刚度、质量和承载力分布不均匀;宜采用大空间的平面布局方式,满足建筑灵活性、可变性的要求;充分考虑设备管线与结构体系关系以及结合楼板现浇统一考虑;优化套型模块的尺寸和种类;优先采用叠合楼板;楼板与楼板之间、楼板与墙体之间采用后浇混凝土以保证整体性。

4. 结构原则

建筑体型、平面布置及构造应符合抗震设计的原则和要求;应遵循受力合理、连接简单、施工方便、少规格、多组合的原则;承重墙、柱等竖向构件宜上下连续,门窗洞口宜上下对齐,成列布置,不宜采用转角窗。此外,还有节能设计、设备管线规格、质量控制、成本控制等方面的规范要求。

1.2.4.2 AB 技术体系

AB 技术体系,即装配式建筑技术体系。在德国的装配式建筑建造技术方面,其预制技术、结构技术和施工方法如下。

1. 砌块结构技术

用预制的块状材料砌成墙体的装配式建筑,适于建造 3~5 层的建筑。砌块建筑适应性强,生产工艺简单,施工简便,造价较低,还可利用地方材料和工业废料。

2. 板材结构技术

由预制的大型内外墙板、楼板和屋面板等板材装配而成。它是工业化体系建筑中全装配式建筑的主要类型,但对建筑物造型和建筑物布局有较大的制约性。

3. 盒式结构技术

在板材建筑的基础上发展起来的一种装配式建筑,这种建筑的工厂化程度高,现场安装快。盒式建筑的构成有整浇式、骨架条板组装式、预制板组装式;不但盒子的结构部分在工厂完成,而且内部装修和设备也可同时安装好,甚至可连家具、地毯等一起安装齐全,盒子吊装完成,接好管线后即可使用。盒式建筑的装配技术有全盒式、板材盒式、核心体盒式、骨架盒式。

此外,还有骨架板材结构技术、滑升模板结构技术、导杆升板结构技术等。

1.2.4.3 RAP 技术体系

RAP 技术体系即机器人自动化生产技术体系。近年来,德国建筑界开发了多种系列化机器人生产技术,主要用于装配式建筑的复杂构件与部品的预制生产,诸如三明治墙、保温夹面或双面墙、间隔实心墙及异形楼板的自动化生产。

1.2.4.4 BIM 技术体系

BIM 技术是德国创新用于装配式工业设计、建造与管理的数据化工具,通过参数模型整合各种项目的相关信息,在各种装配式建筑项目策划、运行和维护的全寿命周期过程中进行共享和传递,使工程技术人员对各种建筑信息做出正确理解和高效应对,为设计团队及包括建筑运营单位在内的各方建设主体奠定协同工作的基础,在提高生产效率、节约成本和缩短工期方面发挥了重要作用。装配式建筑是设计、生产、施工、装修和管理"五位一体"的体系化和集成化的建筑,具备建筑产业现代化的五大特点:标准化设计、工厂化生产、装配式施工、一体化装修和信息化管理。

1.2.4.5 DGNB 评估体系

DGNB 评估体系即"德国 DGNB 可持续建筑评估体系"。创建于 2007 年的 DGNB 是当今世界上最为先进、完整,同时也是最新的可持续建筑评估体系,由德国可持续建筑委员会与德国政府共同开发编制,具有国家标准性质。DGNB 可持续评估生态建筑、节能建筑、智能建筑、集成建筑和装配式住宅与建筑等,覆盖德国建筑行业整个产业链,整个体系有严格全面的评价方法和庞大数据库及计算机软件的支持。DGNB 认证是一套透明的评估认证体系,它以易于理解和操作的方式定义了所有新建建筑的质量,评估标准共有 10 个领域、60

条标准。DGNB 可持续建筑评估体系的突出优势如下：

（1）不仅是绿色建筑标准，而且是涵盖了生态、经济与社会三大方面因素的第二代可持续建筑评估体系（包括集成建筑、装配式住宅等）。

（2）包含了建筑全寿命周期成本计算，包括建造成本、运营成本、回收成本，以有效评估控制建筑成本和投资风险。

（3）展示如何通过提高可持续性获得更大经济回报。

（4）以建筑性能评价为核心，而不是以有无措施为标准，保证建筑质量，为业主和设计师达到目标提供广泛途径。

（5）展示不同技术体系应用（太阳能、中水利用等）的相关利弊关系，以利于综合应用性能评价。

（6）是建立在德国建筑工业体系高水平质量基础上的标准体系。

（7）按照欧盟标准体系原则，适用于不同国家气候与经济环境。

1.2.5 我国装配式混凝土建筑的发展

20 世纪 50 年代，我国借鉴苏联的技术和经验，在第一个五年计划重点工业建设中，以构件装配化和施工机械化为切入点开始发展装配式建筑。工业建筑广泛采用预制厂房柱、屋架梁或屋架、吊车梁、大型屋面板组装而成的装配式工业厂房，民用建筑中预制混凝土空心楼板、槽形楼板得到了应用。

20 世纪 60 年代，我国提出建筑工业化发展方向，开展了装配式建筑的研究，对沿用苏联的装配式钢筋混凝土厂房，从基础到屋面进行了比较全面的改革，开发了轻型的钢筋混凝土屋盖、门式刚架、管柱等结构形式。门式钢架梁柱合一，结构轻巧，造型美观，能获得较大的使用空间，厂房跨度可建到 24 m，吊车吨位达 20 t；离心混凝土管柱结构用于单层工业厂房、露天栈桥、塔架等特种结构，能大幅度节约混凝土和钢材，双肢管柱厂房跨度可达到 30 m，吊车吨位达 30 t，并建成 80 m 高的离心管框架电视塔。在全国建筑行业推行工厂化、装配化、标准化的营造方式，建造了大批装配式单层厂房和一些装配式框架结构，建筑面积达 1 000 多万 m^2。

我国在 20 世纪 70 年代十分重视建筑工业化的发展，曾推广使用装配式建筑，包括装配式工业厂房及装配式大板、框架等民用建筑。各地对单层工业厂房进一步进行了改革，研究开发了板架合一的结构形式，主要有预应力混凝土 T 形板、V 形折板、马鞍形板壳三种。预应力混凝土 T 形板可分为双 T 板（见图 1-39、图 1-40）和单 T 板，是一种灵活性大、多功能的通用构件，既可做屋面板、楼板，又可做墙板，制作简便，易于工厂化生产。20 世纪 70 年代初开始在电力厂房中大量采用，最大跨度单 T 板为 33 m，双 T 板为 24 m，建成面积 20 多万 m^2。预应力混凝土 V 形折板（见图 1-41、图 1-42），制作方便，可以叠合生产，钢材和水泥用量较省，最大跨度可以达到 24 m，自 1968 年开始采用以来，10 年间建成面积达 120 万 m^2。预应力马鞍形板壳刚度较好，可以叠合生产，但板壳是双向曲面，制作要求高，最大跨度可以达到 28 m，自 1972 年开始采用以来，6 年间建成面积达 20 多万 m^2，至 1978 年，采用板架合一的厂房面积达 160 万 m^2。

图 1-39　混凝土双 T 板吊装

图 1-40　混凝土双 T 板厂房

图 1-41　V 形折板吊装

图 1-42　V 形折板屋盖房屋

　　20 世纪 70 年代,为适应电子、电器、仪表、轻工等行业工艺发展的需求,由上海工业建筑设计院主持开展了多层厂房工业化建筑的研究,提出了梁、板、柱全预制的装配式框架结构,以及现浇柱、预制梁板的半装配式框架结构。采用"通用建筑体系",走构件定型化生产的途径,将定型构件进行不同组合,可建造满足不同要求的厂房。1978 年,第四机械工业部第十设计研究院为满足建筑工业化的要求,制定的《多层框架厂房设计意见》,分为总则、材料的选用、建筑参数及定位轴线、结构选型与构造、荷载计算、框架结构设计、装配式节点设计、框架结构抗震补充要求、机床上楼的多层厂房设计 9 个章节,系统地给出了装配式钢筋混凝土全框架结构多层厂房设计方法,针对装配式框架结构给出材料选用、建筑参数、结构选型、受力分析、构造措施等设计准则,尤其是给出了梁与柱明牛腿铰接和刚接、梁与柱暗牛腿刚接、柱与柱榫式连接等装配式节点的详细计算方法和构造措施。这对当时的装配式框架结构设计与施工起到指导作用(见图 1-43、图 1-44)。

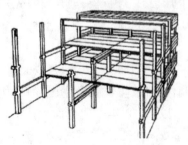

图 1-43　长柱明牛腿框架构成

图 1-44　装配式框架结构施工

20 世纪 70 年代,北京市推出装配式大板居住建筑,主要用于多层住宅(见图 1-45),横墙为实心混凝土墙板,为承重墙;外墙采用普通混凝土和陶粒混凝土、加气混凝土组成的复合墙板,或焦渣和矿棉为保温层的夹芯墙板,提高了当时生产工厂化、预制装配化和施工机械化程度。建成了龙潭小区、天坛小区、左家庄小区等一批装配式大板住宅,其中龙潭小区建成住宅 40 余栋,建筑面积达 10 万 m^2。由于在构件生产、安装施工及构件连接方式等方面存在的问题,这类大板建筑在抗震安全性、建筑物理性能、建筑功能等方面不同程度地存在着一些问题,在 20 世纪 80 年代已经逐渐被淘汰。

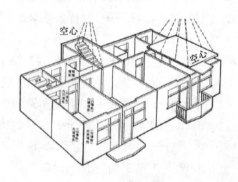

图 1-45　装配式大板建筑

20 世纪 70 年代,上海等地用升板法建造的板柱结构(也称升板结构),是先将预制柱安装就位,在已经做好的室内地坪上叠层灌注楼板与屋面板,然后用安装在每个柱上的升板机,将屋面板和各层楼板提升到各自的位置上,用钢筋或钢销插入柱的预留孔内,灌注混凝土,将柱和楼板或屋面板连成整体作为柱帽,构成板柱结构(见图 1-46),也可将墙板安装后吊装,构成升层结构。应用升板(或升层)法建造板柱结构,施工设备简单,占用施工场地小,减少高空作业,不需要大型运输吊装机具,但升板结构节点连接偏弱。1974 年 7 月上海玻璃器皿厂 5 层升板结构厂房施工过程中,曾出现群柱失稳引起的倒塌事故。该厂房最上面一层楼板提升到 20.5 m 标高时,23 m 长的柱子处于悬臂状态,楼板提升后柱子的竖向荷载已接近受力极限,由于施工中没有采取临时加固措施,柱顶位移增大,导致群柱失稳而倒塌。

图 1-46　升板板柱体系施工

1976 年唐山地震后,我国引进了南斯拉夫预制预应力混凝土板柱结构体系,即 IMS 体系。该体系由南斯拉夫塞尔维亚材料研究院的伯兰柯·热热立教授于 1956 年首创,当时已经在世界许多国家和地区得到广泛应用。建造 IMS 体系时,先将预制柱安装就位,然后将预制的带边肋的屋面板和楼板吊装就位,用预应力钢筋沿着板的边肋穿过柱上的预留孔道,沿房屋的纵横两个方向施加预应力,在边肋内灌注细粒混凝土,将板与柱、板与板连成一个整体,预应力钢筋既是拼装的手段,又是结构的受力钢筋。这种板柱结构在板与柱接头处不设支托,依靠预压应力在板与柱之间产生的摩阻力传递垂直荷载。中国建筑一局(集团)有限公司科学研究院等30多个科研、设计、施工单位对 IMS 体系进行了系统的研究和开发,累计建成近 30 万 m² 整体板柱预应力建筑,促进了该体系的应用。1999 年,天津市房地产设计院组织中国建筑第六工程局第三建筑工程有限公司和北京市建筑工程研究院北京建筑工程技术研究中心完成了一项新 IMS 四拼板模型试验,并将此试验成果应用于天津华苑产业园区内新纪元软技术发展中心的工程设计与施工中,取得了显著的社会、经济效益。

1978 年 11 月,国家建委在常州市召开了厂房建筑经验交流会。这次会议主要交流了改革装配式钢筋混凝土厂房建筑和采用新结构、新材料、新技术的经验;讨论了《1978 年 ~ 1985 年建筑设计标准化工作规划要点》和《关于编制建筑构配件统一产品目录的意见》。为加快和规范建筑标准化的进程,总结科学研究成果和工程实践经验,组织编制了《装配式大板居住建筑设计和施工规程》(JGJ 1—91)、《钢筋混凝土装配整体式框架节点与连接设计规程》(CECS 43:92)、《整体预应力装配式板柱建筑技术规程》(CECS 52:93)等规程。

唐山地震后,由于装配式结构节点连接薄弱,结构破坏严重,地震区对预制装配式结构的应用更加审慎,再加上定型模板的使用和模板租赁业务的开展,商品混凝土的经营方式和泵送混凝土技术的应用,全现浇混凝土结构占了上风,装配式结构的应用逐渐减少,尤其是在民用建筑中预制混凝土结构的应用一直停滞不前。但随着我国建筑产业现代化的发展,住宅建筑的工业化势在必行,采用工业化方式建造的住宅较传统现场湿作业施工的住宅更为节能环保。

近年来,在国家政策的引导下,一些科研院所、高校、企业纷纷进行装配式结构研究和技术开发,并取得了很多的成果。国内的许多建筑企业,如万科、南通建设集团、南京大地建设集团、中山快而居住宅工业有限公司等,在装配式建筑领域做了许多示范工程,引进了国外较为成熟的结构体系和施工工艺,促进了装配式建筑在我国的发展和应用。为了进一步促进装配式建筑的发展,设立了国家现代化建筑产业试点城市,包括深圳、沈阳、济南、合肥等。

1993 年北京大兴引进了我国第一条 SP 板生产线。SP 板是一种以钢绞线配筋用先张法工艺生产的预应力混凝土空心板。SP 板采用美国福霖公司的预应力空心板生产线生产,以预应力钢绞线为预应力筋,配有双层或三层预应力钢绞线;采用长线先张法叠加生产,干硬性混凝土冲捣挤压成型,自然养护,生产效率高。SP 板可适用于单层或多层建筑,如厂房、超市、仓库、停车场的楼板(见图 1-47)和围护墙体(见图 1-48)。预应力混凝土空心板的跨度范围为 4 ~ 18 m,可根据需要选用不同厚度的墙板,并且长度不受限制,可以任意切割,还可根据需要在工厂内加工成带有外饰面的装饰墙板。和普通的空心楼板相比,它具有跨度大、承载力强,保温、防渗、隔音效果好、建设工期短、冬季施工不受影响的特点。1996 年,建设部将 SP 空心板的应用列入重大科技推广项目,总投资 8 亿多元建成 17 条生产线,每条生产线的年生产能力是 30 万 m³。1997 年由建设部批准出版国家建筑标准设计《SP 预应力空心板》图集,1999 年又进行了修编,增加了 SP 叠合预应力空心板内容,扩大了 SP 板的使用范围,提高了 SP 板楼屋盖的抗震能力。2001 年又编制了《SP 预应力空心板技术手册》,详细介绍了 SP 板楼屋盖开洞及抗震等方面的设计计算方法和构造措施。

图 1-47　SP 板安装　　　　　　　　　　图 1-48　SP 墙板安装

　　南京大地建设集团 2000 年从法国引进预制预应力混凝土装配式框架体系,即世构(SCOPE)体系。所谓世构体系,就是采用现浇或预制钢筋混凝土柱,预制预应力混凝土梁、板,通过后浇部分将梁、板、柱在节点连成整体的框架结构。世构体系可以采用预制柱,预制预应力混凝土叠合梁、板的全装配形式;也可以采用现浇柱,预制预应力混凝土叠合梁、板部分装配形式。近 10 年来,南京大地建设集团在南京完成了约 100 万 m^2 的工程,其中南京金盛国际家居广场江北店,5 层框架结构,建筑面积 16 万 m^2,仅 92 天完成主体工程。此外,南京大地建设集团还制定了江苏省工程建设推荐性技术规程《预制预应力混凝土装配整体式框架结构技术规程》(JG/T 006—2005)。

　　2007 年在建设部的规划和主导下,万科于东莞建立了国家住宅产业化基地。在住宅建造方式上采用预制装配式混凝土结构,外墙结构采用预制钢筋混凝土结构墙板,框架结构绝大部分构件在工厂加工,现场组装。2007 年 12 月国内首批预制装配式节能环保型住宅上海浦东万科新里程住宅楼工程竣工。据测算,工业化住宅的施工过程中,可以降低约 20% 的施工能耗,减少约 60% 的用水量,以及约 80% 的木材损耗、施工垃圾和装修垃圾,代表着我国商品住宅工业化的发展方向。

　　西韦德引进德国叠合板式混凝土剪力墙技术,采用德国先进设计和生产工艺,工厂化生产短肢剪力墙承重结构体系,产品包括预制钢筋混凝土叠合楼板(见图 1-49)、叠合墙板(见图 1-50)、梁及楼梯等,年生产预制叠合楼板 30 万 m^2,预制叠合墙板 10 万 m^2。2011 年以来,叠合板式混凝土剪力墙技术已经在合肥经济适用房中得到推广应用。

图 1-49　西韦德叠合楼板施工　　　　　　图 1-50　西韦德叠合墙板施工

　　长沙远大住宅工业集团股份有限公司的高层建筑采用混凝土叠合楼盖装配整体式结构

技术体系,多层建筑采用装配式混凝土墙结构技术体系;远大集成别墅结构体系采用预制肋型板技术;远大可建科技有限公司率先研发了斜撑节点加强型钢框架体系,该体系主要由主板、钢柱、斜撑组成(见图1-51),压型钢板混凝土组合楼板、桁架梁以及柱座三者在工厂预制为整体主板,集成各类管道后作为装配模块,该体系装配过程实现全栓连接,在保证强度的前提下达到易安装、易拆卸、易维护的目的。

(a)整体结构

(b)主板吊装

图 1-51   斜撑节点加强型钢框架体系

进入21世纪,由于我国钢产量较大,价格适中,适合在建筑市场上大量使用。如果采用钢结构,配以石膏板、轻钢龙骨、岩棉、彩色外墙板、塑钢门窗、彩钢复合板等材料制造装配式房屋,无论是从价格上,还是从功能和舒适性上,都将优于现在的砖混结构和混凝土结构房屋。于是,一批国内大企业开始积极推广装配式住宅,并且有了一定的成果。经过最近10年的发展,我国初步建成中国特色装配式住宅体系,即形成了以轻钢结构为主,以木结构、轻钢—木结构、轻钢—钢筋混凝土结构和轻钢—钢结构为补充的装配式住宅结构体系,并且在住宅技术研发方面也有了进一步的探索。

我国在装配式混凝土结构设计与施工的标准化方面也取得了一定的成果:1991年,编制了《装配式大板居住建筑设计和施工规程》(JGJ 1—1991);1993年,编制了《整体预应力装配式板柱建筑技术规程》(CECS 52:93);中国建筑标准设计研究院和中国建筑科学研究院会同有关单位,共同编制了《装配式混凝土结构技术规程》(JGJ 1—2014)。此外,各个省市还颁布了地方规程,如辽宁省的《装配整体式混凝土结构技术规程(暂行)》(DB21/T 2000—2012)、吉林省的《装配整体式混凝土剪力墙结构体系居住建筑技术规程》(DB22/T 1779—2013)、北京市的《装配式剪力墙结构设计规程》(DB11/1003—2013),这一系列技术规范和规程的出台为装配式混凝土结构的发展提供了理论和技术支持。

1.3   装配式建筑相关政策

1.3.1   国家相关政策

1999年,国务院办公厅下发了由建设部等8部委起草的《关于推进住宅产业现代化 提高住宅质量的若干意见》。该文件作为中国住宅产业化领域的纲领性文件,对国内住宅产业化行业的发展做出了战略性规划并提出了具体的发展目标。

2005 年,建设部出台《关于发展节能省地型住宅和公共建筑的指导意见》(建科〔2005〕78 号),明确了产业化发展第二个阶段的重点,以发展节能省地型住宅建设推动住宅产业化的新进程,随后发布了一系列有关"节能省地"类的法律、法规和条例等。

2014 年,国务院印发《国家新型城镇化发展规划(2014 – 2020 年)》,提出大力发展绿色建材,强力推进建筑工业化。同年,《住房城乡建设部❶关于推进建筑业发展和改革的若干意见》中提出,推动建筑产业现代化结构体系、建筑设计、部品构件配件生产、施工、主体装修集成等方面的关键技术研究与应用。制定并完善有关设计、施工和验收标准,组织编制相应标准设计图集,指导建立标准化部品构件体系。建立适应建筑产业现代化发展的工程质量安全监管制度。鼓励各地制定建筑产业现代化发展规划及财政、金融、税收、土地等方面的激励政策,培育建筑产业现代化龙头企业,鼓励建设、勘察、设计、施工、构件生产和科研等单位建立产业联盟。进一步发挥政府投资项目的试点示范引导作用并适时扩大试点范围,积极稳妥推进建筑产业现代化。

2016 年是供给侧结构性改革的开官之年,装配式混凝土建筑和钢结构建筑产业政策密集出台,钢结构产业迎来前所未有的发展机遇。由住房和城乡建设部住宅产业化促进中心、中国建筑科学研究院会同有关单位历时两年多编制的《工业化建筑评价标准》(GB/T 51129—2015),于 2016 年 1 月 1 日起正式实施,使得工业化建筑有了更明确、科学的划分标准。2016 年 2 月 1 日,国务院发布《关于钢铁行业化解过剩产能实现脱困发展的意见》,明确指出推广应用钢结构建筑,结合棚户区改造、危房改造和抗震安居工程实施,开展钢结构建筑推广应用试点,大幅提高钢结构应用比例。2016 年 2 月 6 日颁布的《中共中央 国务院关于进一步加强城市规划建设管理工作的若干意见》明确提出:力争用 10 年左右时间,使装配式建筑占新建建筑的比例达到 30%,积极稳妥推广钢结构建筑。2016 年 3 月 5 日,李克强总理在第十二届全国人民代表大会第四次会议上的《政府工作报告》中明确提出:积极推广绿色建筑和建材,大力发展钢结构和装配式建筑,提高建筑工程标准和质量。这是国家在《政府工作报告》中首次单独提出发展钢结构。2016 年 9 月 30 日,《国务院办公厅关于大力发展装配式建筑的指导意见》出台,提出:以京津冀、长三角、珠三角三大城市群为重点推进地区,常住人口超过 300 万人的其他城市为积极推进地区,其余城市为鼓励推进地区,因地制宜发展装配式混凝土结构、钢结构和现代木结构等装配式建筑,力争用 10 年左右的时间,使装配式建筑占新建建筑面积的比例达到 30%,并确定八项重点任务。《关于大力发展装配式建筑的指导意见》是继《中共中央 国务院关于进一步加强城市规划建设管理工作的若干意见》之后,中央首次出台专门针对装配式建筑的纲领性政策文件,也是 2016 年 9 月 14 日国务院常务会议内容的成果。该意见作为装配式建筑的中央纲领性政策,它的出台极大地促进了装配式建筑的推广和应用,不但再次肯定了 10 年 30% 的应用目标,而且强调因地制宜、差异化发展,并确定了八项任务,提出要健全标准规范体系来对整个过程进行规范,推行工程总承包,利于行业长远发展。施工前主要是创新装配式建筑设计,同时选用绿色建材,优化部品部件的生产;施工中主要是提升装配施工水平,推进建筑全装修,从而提高装配化装修水平;施工后主要是健全质量安全责任体系,落实各方主体质量安全责任,建立全过程质量追溯制度,从施工全过程等方面来加速推进装配式建筑应用。

---

❶ 住房城乡建设部即住房和城乡建设部,下同。

2017 年 1 月 10 日,住房和城乡建设部发布第 1417 号、第 1418 号和第 1419 号公告,分别发布《装配式木结构建筑技术标准》(GB/T 51233—2016)、《装配式钢结构建筑技术标准》(GB/T 51232—2016)、《装配式混凝土建筑技术标准》(GB/T 51231—2016),三个国家标准均于 2017 年 6 月 1 日实施。2017 年 2 月 21 日颁布的《国务院办公厅关于促进建筑业持续健康发展的意见》明确指出:坚持标准化设计、工厂化生产、装配化施工、一体化装修、信息化管理、智能化应用,推动建造方式创新,大力发展装配式混凝土结构和钢结构建筑,在具备条件的地方倡导发展现代木结构建筑,不断提高装配式建筑在新建建筑中的比例。力争用 10 年左右的时间,使装配式建筑占新建建筑面积的比例达到 30%。在新建建筑和既有建筑改造中推广普及智能化应用,完善智能化系统运行维护机制,实现建筑舒适安全、节能高效。2017 年 3 月 23 日,住房和城乡建设部印发了《"十三五"装配式建筑行动方案》、《装配式建筑示范城市管理办法》、《装配式建筑产业基地管理办法》(建科〔2017〕77 号),明确了"十三五"期间装配式建筑的工作目标、重点任务、保障措施和示范城市、产业基地管理办法。2017 年 4 月 26 日,住房和城乡建设部印发了《建筑业发展"十三五"规划》,对建筑业发展成就和存在的问题进行了回顾,提出了今后五年建筑业发展的六大主要目标和九大任务,指出:全国建筑业总产值年均增长 7%,建筑业增加值年均增长 5.5%,装配式建筑面积占新建建筑面积的比例达到 15%。

1.3.2 地方相关政策

各省(区、市)关于装配式建筑的政策多集中于财政补贴、税收优惠、贷款贴息、纳入考核、配套减免和容积率奖励等方面。

北京市出台了《关于在本市保障性住房中实施绿色建筑行动的若干指导意见》(京建发〔2014〕315 号),还发布了《关于在本市保障性住房中实施全装修成品交房有关意见的通知》,同时出台了《关于实施保障性住房全装修成品交房若干规定的通知》。北京市在全国率先推行实施精装修的交房标准,精装修或将成为交房的标配。经适房、限价房会按照现行公租房装修标准,实施装配式装修。

上海市推进全市装配整体式混凝土结构保障性住房工程总承包招投标。上海市对装配式建筑的奖励、补贴政策为:对总建筑面积达到 3 万 m² 以上,且预制装配率达到 45% 及以上的装配式住宅项目,每平方米补贴 100 元,单个项目最高补贴 1 000 万元;对自愿实施装配式建筑的项目给予不超过 3% 的容积率奖励;装配式建筑外墙采用预制夹芯保温墙体的,给予不超过 3% 的容积率奖励。另外,组建上海市绿色建筑发展联席会议,增强装配式建筑推进政策制定和工作协调力度。

江苏省发布了《关于装配式房屋建筑项目招投标活动的若干意见》,提出了推动装配式房屋建筑项目快速健康发展的具体措施:鼓励各地招标人采用设计施工一体化承包模式建设装配式房屋建筑项目,并允许联合体投标。南京国土部门发布公告,"装配式建筑"成为强制性要求。

浙江省已完成《浙江省绿色建筑条例》的立法工作,明确要求设区的市、县人民政府确定一定比例的民用建筑,应用新型建筑工业化技术进行建设,从立法层面加强规划,保障新型建筑工业化推进。《浙江省建筑业现代化"十三五"发展规划》还首次被列入省政府重点专项规划,积极实施基地和项目建设,以"1010 工程"为抓手,大力推动新型建筑工业化基地和示范项目建设。

河北省重点推动农村装配式住宅建设,确定试点县,推动农村住宅产业现代化发展。结合农村面貌改造提升行动,加强农村装配式住宅关键技术研究,加快制定农村装配式住宅标准和图集,并引入省外成熟的技术和产品,在试点区域推行,逐步提高农村住宅品质和建筑节能水平。河北省将在大跨度工业厂房、仓储设施中全面采用钢结构,在适宜的市政基础设施中优先采用钢结构,在公共建筑中大力推广钢结构,在住宅建设中积极稳妥地推进钢结构应用。

重庆市从 2016 年起,对大空间、大跨度或单体面积超过 2 万 m^2 的公共建筑,将全面采用钢结构。对政府投资、主导项目和单体面积超过 2 万 m^2 的公共建筑,从规划、设计开始全面采用钢结构。

沈阳市出台多重利好政策,包括:在政府投资的工程项目及配套基础设施项目中全面采用产业化方式建设;在房地产开发项目中推行产业化方式建设,由三环范围内逐步扩大,预制装配化率计划达到 30% 以上。

湖北省出台《关于推进建筑产业现代化发展的意见》,计划到 2025 年全省混凝土结构建筑项目预制率达到 40% 以上,钢结构、木结构建筑主体结构装配率达到 80% 以上。到 2017 年全省在原有基础上建成 5 个以上建筑产业现代化生产基地,采用建筑产业现代化方式建造的项目建筑面积不少于 200 万 m^2,项目预制率不低于 20%。2018 ~ 2010 年全省基本形成建筑产业现代化发展的市场环境。2021 ~ 2025 年全省要通过自主创新,形成一批以骨干企业、技术研发中心、产业基地为依托,特色明显的产业聚集区。

广东省计划到 2025 年,使装配式建筑占新建建筑的比例达到 30%,提升城市建筑水平和建设水平。深圳市发布了《关于加快推进装配式建筑的通知》和《EPC❶ 工程总承包招标工作指导规则》,从招投标、构件生产、施工许可、质量安全监督、验收、造价等环节全方位支持和鼓励装配式建筑发展。深圳市重点扶持装配式建筑和 BIM 应用,对经认定符合条件的示范项目、研发中心、重点实验室和公共技术平台给予资助,单项资助额最高不超过 200 万元。

四川省印发的《关于推进建筑产业现代化发展的指导意见》提出了明确目标。全省各地将优先支持建筑产业现代化基地和示范项目用地,对列入年度重大项目投资计划的优先安排用地指标;安排科研经费支持建筑产业现代化关键技术攻关和相关研究;被认定为高新技术的企业,按减 15% 的税率缴纳企业所得税;在符合相关法律法规等前提下,对实施预制装配式建筑的项目研究制定容积率奖励政策。按照建筑产业现代化要求建造的商品房项目,还将在项目预售资金监管比例、政府投资项目投标、专项基金、评优评奖、融资等方面获得支持。

山东省青岛市将继续推动建筑产业化发展,编制建筑产业化相关技术标准,制定产业园区规划,棚户区改造、工务工程和各市区部分项目都将率先试点装配式建筑项目。下一步,青岛市将以开发建设单位为市场主体,设计单位、构配件生产单位、装配式建筑施工单位为协作主体,发展形成完整的产业链条并带动附属产业的发展;同时,统筹全市建筑产业化发展。此外,对于装配式钢筋混凝土结构、钢结构与轻钢结构、模块化房屋三类装配式建筑结

---

❶　EPC 是 Engineering Procurement Construciton 的简称,指工程总承包。

构体系,棚户区改造、工务工程等政府投资项目,要进行先行先试,按装配式建筑设计、建造,并逐步提高建筑产业化应用比例;同时,争取每个市区先开工一个建筑产业化项目,并将其作为试点示范工程。

2016年,湖南省正式发布了三项关于装配式钢结构的地方标准,分别是《装配式钢结构集成部品主板》《装配式钢结构集成部品撑柱》《装配式斜支撑点钢框架结构技术规程》,此三项地方标准的出台是推进新型建筑工业化的重要基础,将加速湖南省建筑工业化的发展。

郑州市于2017年2月发布《郑州市人民政府关于大力推进装配式建筑发展的实施意见》,指出到2020年,全市装配式建筑(预制率不低于20%,装配率不低于50%,下同)占新建建筑面积的比例达到30%以上,其中保障性住房及政府和国有企业投资项目达到60%以上。力争到2025年底,全市装配式建筑占新建建筑面积的比例达到50%以上,其中保障性住房及政府和国有企业投资项目原则上应达到100%。新建装配式建筑应达到一星级及以上绿色建筑标准。以市内五区(金水区、二七区、中原区、管城回族区、惠济区)和郑州航空港经济综合实验区、郑东新区、郑州经济技术开发区、郑州国家高新技术产业开发区为装配式建筑重点推进区域,荥阳市、新密市、新郑市、登封市、上街区和中牟县建成区及农村地区为装配式建筑鼓励推进区域。

河南省于2017年12月出台了《关于大力发展装配式建筑的实施意见》,指出到2020年年底,全省装配式建筑占新建建筑面积的比例达到20%,政府投资或主导的项目达到50%,其中郑州市装配式建筑面积占新建建筑面积的比例达到30%以上,政府投资或主导的项目达到60%以上;支持郑州市郑东新区象湖片区建设装配式建筑示范区。到2025年年底,全省装配式建筑占新建建筑面积的比例力争达到40%,符合条件的政府投资项目全部采用装配式施工,其中郑州市装配式建筑占新建建筑面积的比例达到50%以上,政府投资或主导的项目原则上达到100%。

据不完全统计,目前全国已有多个省市出台了装配式建筑专门的指导意见和相关配套措施,不少地方更是对装配式建筑的发展提出了明确要求,越来越多的市场主体开始加入装配式建筑的建设大军中。

复习思考题

1. 简述装配式建筑的概念。
2. 装配式混凝土结构施工工艺特点是什么?
3. 简述钢框架剪力墙结构的特点。
4. 简述钢框架支撑结构的特点。
5. 简述轻钢龙骨结构的特点。
6. 简述现代木结构的分类及其适用情况。
7. 简述装配式建筑的特点。
8. 装配式建筑发展面临的挑战是什么?

第2章 装配式混凝土建筑

　　装配式混凝土建筑是将主要混凝土构件在工厂预制成型,将构件运输到建筑施工现场,安装在既有结构上,通过少量现浇混凝土作业,将所有预制构件连成一体,形成最终的建筑物。

　　预制构件钢筋连接是装配式混凝土结构安全的关键之一,使用可靠的连接方法才能使预制构件连接成整体,满足结构安全的要求,同时还要便于安装和使用。为了减少现场混凝土湿作业量,预制构件的连接节点采用预埋在构件内的形式居多。多层装配式混凝土建筑中,预制构件可以采用的钢筋连接方式较多,如套筒灌浆连接、浆锚搭接连接、叠合连接、后浇混凝土连接、螺栓连接和焊接连接等。

2.1 装配式混凝土结构连接技术

2.1.1 套筒灌浆连接技术

　　套筒灌浆连接是装配式混凝土建筑中目前竖向构件连接应用最广泛,也是最安全、最可靠的连接方式。套筒灌浆连接的工作原理是:将需要连接的带肋钢筋插入金属套筒内"对接",在套筒内注入高强早强且有微膨胀特性的灌浆料,灌浆料在套筒筒壁与钢筋之间形成较大的正向应力,在钢筋带肋的粗糙表面产生较大的摩擦力,由此得以传递钢筋的轴向力。

　　套筒按结构形式分为全灌浆套筒和半灌浆套筒。全灌浆套筒的接头两端均采用灌浆方式连接钢筋的灌浆套筒,日本最常用这种连接套筒。半灌浆套筒的接头一端采用灌浆方式连接,另一端采用非灌浆方式连接钢筋的灌浆套筒,通常另一端采用螺纹连接,目前我国最常用的就是这种连接套筒。

2.1.2 浆锚搭接连接技术

　　浆锚搭接连接的工作原理是:将需要连接的带肋钢筋插入预制构件的预留孔道里,预留孔道内壁是螺旋形的。钢筋插入孔道后,在孔道内注入高强早强且有微膨胀特性的灌浆料,锚固住插入的钢筋。在孔道旁边,是预埋在构件中的受力钢筋,插入孔道的钢筋与之"搭接",这种情况属于有距离搭接。

　　浆锚搭接有两种方式:一是浆锚孔用金属波纹管,如图 2-1 所示;二是两根搭接的钢筋外圈有螺旋钢筋,它们共同被螺旋筋所约束。

　　浆锚搭接中,预留孔道的内壁是螺旋形的,有两种成型方式:一是预埋金属波纹管做内模,不用抽出。此方法简便易行,欧洲标准也有相关规定。二是埋置螺旋的金属内模,构件达到强度后旋出内模。金属内模方式旋出内模时容易造成孔壁损坏,也比较费工,不如金属波纹管方式可靠简单。浆锚搭接还有一种方式,孔在下方,钢筋在上部,不是安装后灌浆,而

图 2-1　金属波纹管浆锚搭接

是孔内灌浆后插入钢筋,此方法在欧洲标准中有,但我国规范中没有。

2.1.3　叠合连接技术

叠合连接是预制板(梁)与现浇混凝土叠合的连接方式,将构件分成预制和现浇两部分,通过现浇部分与其他构件结合成整体。包括叠合楼板、叠合梁、双面叠合剪力墙板等,如图 2-2、图 2-3 所示。

图 2-2　叠合楼板

2.1.4　后浇混凝土连接技术

后浇混凝土的钢筋连接方式有搭接、焊接、套筒注胶连接、套筒机械连接、锚环连接、钢丝绳索套加钢筋销连接等,如图 2-4 所示为套筒机械连接。

钢丝绳索套加钢筋销连接是欧洲地区常见的连接方法,用于墙板与墙板之间后浇区竖缝构造连接。相邻墙板在连接处伸出钢丝绳索套交会,中间插入竖向钢筋,然后浇筑混凝土,如图 2-5、图 2-6 所示。

预埋伸出钢丝绳索套比出筋方便,适于自动化生产线,现场安装简单。其作为构造连接,是非常简便的连接方式,目前国内规范对这种连接方式尚未有规定。

在后浇混凝土连接工艺中,为保证预制构件和后浇混凝土的结合度,常需要在预制混凝土构件上的连接面(与后浇混凝土连接的区域)上进行粗糙面处理或者键槽构造处理。

图 2-3 叠合梁

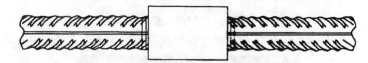

图 2-4 套筒机械连接

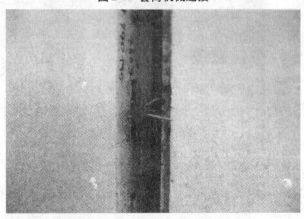

图 2-5 钢丝绳索套加钢筋销连接实例

(1)粗糙面处理。对于压光面(如叠合板、叠合梁表面),在混凝土初凝前"拉毛"形成粗糙面。对于模具面(如梁端、柱端表面),可在模具上涂刷缓凝剂,拆模后用水冲洗未凝固的水泥浆,露出骨料,形成粗糙面。

(2)键槽构造处理。键槽是靠模具凸凹成型的。在欧洲地区,在预应力空心楼板侧面,为了增加板的抗剪性能,既有粗糙面,又有键槽。

2.1.5 螺栓连接技术

螺栓连接是用螺栓和预埋件将预制构件与预制构件或预制构件与主体结构进行连接。套筒灌浆连接、浆锚搭接连接和钢丝绳索套加钢筋销连接都属于湿连接。螺栓连接属于干连接。

螺栓连接是全装配混凝土结构建筑的主要连接方式,可以连接结构柱梁。非抗震设计或低抗震设防烈度设计的低层或多层建筑,当采用全装配混凝土结构时,可用螺栓连接主体结构。

图 2-6　钢丝绳套索

图 2-7 是欧洲一座全装配混凝土框架结构建筑,柱梁体系都是用螺栓连接。

图 2-7　螺栓连接的框架结构全装配式建筑

2.1.6　焊接连接技术

焊接连接方式是在预制混凝土构件中预埋钢板,构件之间如钢结构一样用焊接方式连接。与螺栓连接一样,焊接方式在装配整体式混凝土结构中,仅用于非结构构件的连接,在全装配混凝土结构中,可用于结构构件的连接。欧洲地区装配式混凝土建筑楼板之间、楼板与梁之间会用到焊接连接形式,欧洲标准也有相应规定。

2.2　装配式环筋扣合锚接混凝土剪力墙结构

2.2.1　技术简介

装配式环筋扣合锚接混凝土剪力墙结构主要由预制环形钢筋混凝土内外墙板、预制环形钢筋混凝土叠合楼板和预制环形钢筋混凝土楼梯等基本构件组成,如图 2-8 所示。在装配现场,墙体竖向连接通过构件端头留置的竖向环形钢筋在暗梁区域进行扣合,墙体水平连接通过构件端头留置的水平环形钢筋在暗柱区域进行扣合,在暗梁(暗柱)中穿入水平(竖向)钢筋后,浇筑混凝土连接成整体。

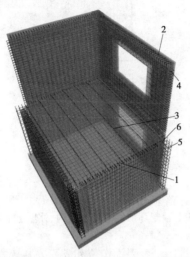

1—预制环形钢筋混凝土内墙板;2—预制环形钢筋混凝土外墙板;
3—预制环形钢筋混凝土叠合楼板;4—水平环形钢筋;5—竖向环形钢筋;6—纵向钢筋

图 2-8　装配式环筋扣合锚接混凝土剪力墙结构

预制环形钢筋混凝土内、外墙宜采用平面一字形,且上下层相邻预制环形钢筋混凝土内、外墙的环形钢筋应交错设置;预制环形钢筋混凝土内、外墙结构层的厚度不宜小于 140 mm;当按节能设计时,外墙的保温层厚度应根据计算确定,保护层混凝土厚度不应小于 50 mm;墙内的竖向环形闭合钢筋宜采用端部扩大的形式。

环形钢筋混凝土叠合楼板的预制层钢筋骨架一般采用由上弦筋、下弦筋及斜筋组成的三角形钢筋桁架,预制层四周环形钢筋的留置长度和高度应根据计算确定。

预制环形钢筋混凝土楼梯的梯段与平台板宜整体预制,楼梯上端平台板端部和内侧一般预留环形钢筋,下端平台板端部一般不预留环形钢筋。

预制环形钢筋混凝土内、外墙上下层连接时,接缝处的环形钢筋交错重叠,插入水平钢筋后,浇筑混凝土连接成整体,如图 2-9 所示。楼层内预制环形钢筋混凝土内、外墙的水平连接可分为一字形、L 形、T 形和十字形连接,接缝处的环形钢筋与后置的水平封闭箍筋重叠后插入竖向钢筋并浇筑混凝土连接成整体,如图 2-10 所示。

2.2.2　工程实例概况

中建观湖国际位于河南省郑州市经开区第十五大街和南三环交会处,坐落在滨河国际新城中心位置,是区域内首个高端住宅项目,西接区域商业中心,东邻区域政务中心,坐拥百亿元级新城规划。本项目由中建地产河南有限公司、中国建筑第七工程局有限公司投资,其下属的郑州滨湖置业有限公司负责开发建设,占地约 180 亩(1 亩 = 1/15 hm²),建筑面积约 30 万 m²,分三期开发,其中每期包含一栋公租房。

本工程为中建观湖国际一期公租房项目 14 号楼,地下两层为现浇剪力墙结构,地上 24 层采用全预制装配式环筋扣合锚接混凝土剪力墙结构。

根据构件的特点及部位,将标准层拆分成剪力墙、叠合板、楼梯、阳台等构件,并绘制预制构

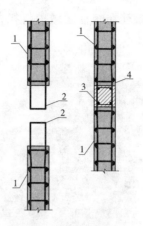

1—预制环形钢筋混凝土内、外墙;2—环形钢筋;3—水平钢筋;4—暗梁后浇区段

图 2-9　预制环形钢筋混凝土内、外墙上下层连接

件的钢筋、模板、水电预埋等设计图纸及平面定位和立面安装等安装图纸,便于标准化预制、装配和进行质量管控。装配式环筋扣合锚接混凝土剪力墙结构的施工流程如图 2-11 所示。

　　装配式环筋扣合锚接混凝土剪力墙结构的竖向构件均可拆分为一字形预制构件,楼层剪力墙采用 L 形、T 形、十字形现浇节点连接,上下层剪力墙采用一字形现浇节点连接。水平构件采用叠合梁板形式,剪力墙水平连接通过构件端头留置的竖向环形钢筋在暗梁区域进行扣合,剪力墙竖向连接通过构件端头留置的水平环形钢筋在暗柱区域进行扣合,在暗梁(暗柱)中穿入水平(竖向)钢筋后,构件通过现浇节点连接形成装配式整体结构。

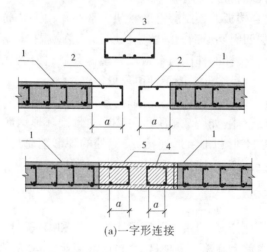

(a)一字形连接

1—预制环形钢筋混凝土内、外墙;2—环形钢筋;3—封闭箍筋;4—竖向钢筋;5—后浇段;a—环形钢筋外露长度

图 2-10　楼层内预制环形钢筋混凝土内、外墙连接

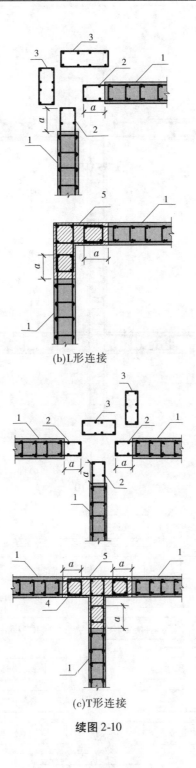

(b)L形连接

(c)T形连接

续图 2-10

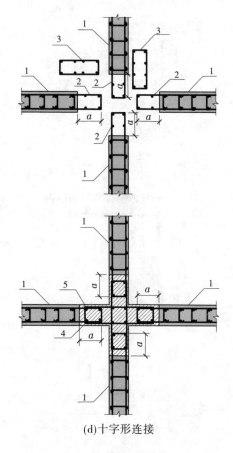

(d)十字形连接

续图2-10

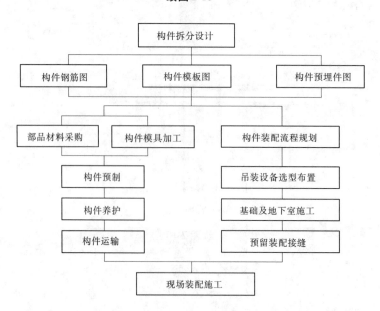

图2-11 装配式环筋扣合锚接混凝土剪力墙结构的施工流程

外墙结构与保温采用一体化预制;内填充墙及隔墙采用陶粒混凝土,两侧施加砂浆面层。主体结构与二次结构采用大型塔机一次装配完成,剪力墙采用工具式支撑,现浇节点采用定型钢模板,钢筋加工由预制工厂配送。

2.2.3　施工接缝预留

为了使地下现浇结构与地上预制剪力墙部分可靠连接,要求地下室负一层剪力墙竖向钢筋上部留置环形钢筋,并且负一层剪力墙预留环形钢筋由整根钢筋加工弯曲而成,严禁在剪力墙上侧搭接成型。

地下室负一层现浇结构分两次进行浇筑,第一次浇筑剪力墙至板底位置,然后安装地上一层预制环形钢筋混凝土剪力墙,安装找正并固定完成后,安装地下室一层顶板钢筋,第二次浇筑顶板及一层预制剪力墙水平接缝。在地下室一层顶板浇筑后,再现浇立柱节点,然后搭设叠合板临时支撑,安装上层叠合板。随后按照剪力墙安装工艺依次进行上层预制构件的安装。

2.2.4　剪力墙吊装

2.2.4.1　试吊

根据构件形式及重量选择合适的吊具,当剪力墙上表面与钢丝绳的夹角小于45°或剪力墙上吊点距离超过 2 m 时应采用钢梁吊装。对于对称构件,采用对称吊索进行吊装;对于非对称构件,使用固定长度吊索配合调整倒链进行构件水平调整。

当构件起吊至距地面 300 mm 时,停止提升,检查塔吊的刹车等性能及吊具、索具是否可靠,构件外观质量及吊环连接无误后可进行正式吊装工序,起吊要求缓慢匀速,保证预制剪力墙边缘不被损坏。试吊时,还应检查构件是否水平,各吊点的受力情况是否均匀,利用调整倒链使构件达到水平,各吊钩受力均匀后方可起吊至施工位置。构件吊装过程中,要求在构件底部环筋两侧绑扎两根 16 mm 白棕绳作为构件牵引导向及缆风绳,防止构件无序随风摆动及随意旋转。

2.2.4.2　就位、吊装

利用外附着式塔吊进行预制剪力墙的垂直运输,在距离安装位置 150 cm 高时停止下降构件,检查剪力墙的正反面是否和图纸正反面一致,用风绳将二者调整一致后,在垂直位置将剪力墙降落至设计标高,剪力墙水平 U 形钢筋直接套在后浇筑竖向钢筋上,方可就位。

利用可调节顶针及预留定位槽实现剪力墙轴线、标高快速准确定位。同时,按照楼面所放出的剪力墙侧边线、端线等定位线控制构件安装位置,使剪力墙就位并安装。剪力墙上的三角楔形定位槽及调节顶针如图 2-12 所示。

2.2.4.3　调整、固定

应根据结构及户型的特点进行剪力墙的安装。分户安装时,先进行内墙吊装,后进行外墙吊装。调节剪力墙上的调节顶针,使剪力墙的就位测量标高、轴线符合规范要求后,采用斜支撑进行垂直度调整,用铝合金检验尺复核剪力墙垂直度,旋转斜支撑调整,直到构件垂直度符合规范要求,将斜支撑锁死固定。内外墙水平及竖向现浇节点施工完成,模板拆除后,安装卫生间及厨房等内隔墙。安装前应在板上弹出内隔墙边线,根据剪力墙编号依次安装。

由于地下室顶板为后浇,内外墙侧临时支撑采用斜支撑。斜支撑每片预制墙体单侧支

(a)剪力墙下侧预留三角楔形定位槽　　　　　(b)定位及标高调节顶针

图 2-12　剪力墙上的三角楔形定位槽及调节顶针

撑不少于 2 根;采用双侧支撑,保证墙体稳定安全。首层临时斜支撑的设置如图 2-13 所示。

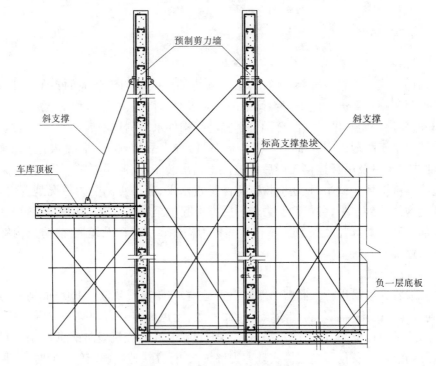

图 2-13　首层临时斜支撑的设置

2.2.5　叠合板施工

按照叠合板跨度变形验算设置叠合板安装时的板底支撑,保证板在安装及叠合层浇筑时不变形,叠合板竖向支撑示意如图 2-14 所示。施工时,将螺栓穿过剪力墙上部预留的预埋孔中,旋入垫片和螺帽稍作加固,透过架体槽钢上的梯形槽孔将三脚架挂装在垫片和墙体的空隙中,再将螺帽旋紧。在房间中间应设立一排独立撑杆作为辅助支撑。

叠合板预制部分吊装前,下层叠合板及剪力墙水平接缝、竖向接缝已施工完成,板底临时支撑搭设完成。根据施工图纸,检查叠合板构件类型,确定安装位置,并对叠合板吊装顺

图 2-14　叠合板竖向支撑示意

序进行编号。根据施工图纸,弹出叠合板的水平及标高控制线,同时对控制线进行复核。叠合板吊装时设置 6~8 个吊装点,吊装点利用板内预埋吊环或钢筋桁架上腹筋及腰筋焊接点在顶部合理对称布置,利用四边形型钢自平衡吊装架,使叠合板的起吊钢丝绳均匀受力,防止叠合板吊装时折断。

叠合板吊装过程中,在作业层上空 300 mm 处略作停顿,根据叠合板位置调整叠合板方向。吊装过程中,应注意避免叠合板上的预留钢筋与剪力墙的竖向钢筋碰撞,叠合板停稳慢放,以免吊装放置时冲击力过大导致板面损坏。

2.2.6　楼梯安装

根据施工图纸,弹出楼梯安装控制线,对控制线及标高进行复核。在楼梯段上下口梯梁处铺 10 mm 厚水泥砂浆坐浆找平,找平层灰饼标高要控制准确。预制楼梯板采用水平吊装,用专用吊环与楼梯板预埋吊装螺杆连接,确认牢固后方可继续缓慢起吊,待楼梯板吊装至作业面上 500 mm 处略作停顿,根据楼梯板方向调整,就位时要求缓慢操作,严禁快速猛放,以免造成楼梯板及托梁、支撑架等震折损坏。楼梯板基本就位后,根据控制线,利用撬棍微调,校正。楼梯吊装流程如图 2-15 所示。

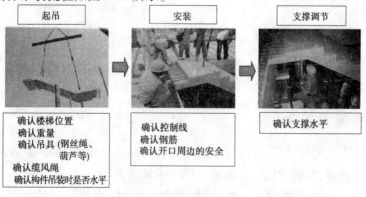

图 2-15　楼梯吊装流程

2.2.7 飘窗及空调板、外装饰构件安装

飘窗上下面板在预制厂整体预制,与剪力墙形成侧置π形结构,故飘窗吊装与其所处剪力墙同时完成,前面板因妨碍外脚手架的安装,待脚手架拆除或下行时再进行安装,前面板需用角钢与上下面板相连接。

飘窗吊装时,下侧板与上侧板之间用可靠支撑或将侧板提前安装用于上下面板固定,防止吊装过程中构件出现损坏。支撑构件待飘窗结构吊装完毕、外脚手架爬升前进行拆除周转使用。

按照预制剪力墙安装工艺,空调板设置在与楼板相同的标高位置,与上下层剪力墙及同层楼板叠合板形成水平十字接头构造,空调板上叠合层需要与楼板叠合层同时浇筑,并将预留锚固钢筋锚固在现浇暗梁内,因此空调板必须在上层剪力墙吊装前就位。现场安装+2.9 m空调板时采用落地脚手架支撑方式,待+2.9 m层安装完毕后,再依次向上原位搭设脚手架或安装两个三脚架用于空调板支撑,下侧脚手架或三脚架在现场浇筑达到拆除模架条件时进行拆除,上层支架依靠下侧空调板自身强度支撑。

外侧立面造型的底板安装方式与空调板的安装方式相同。在底层搭设脚手架支撑上层叠合板构件安装,然后安装外侧C形装饰构件,形成对上侧构件底板的支撑,依次向上搭积木式安装底板与装饰构件。装饰构件安装示意如图2-16所示。

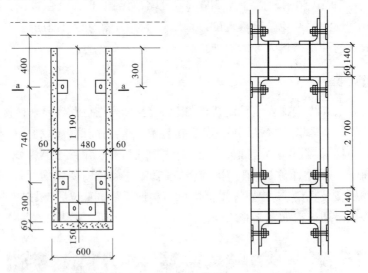

图2-16 装饰构件安装示意 (单位:mm)

2.2.8 水平暗梁施工及注浆

每片剪力墙就位完成后,应及时穿插水平接缝处的纵向钢筋,水平纵向钢筋分段穿插,连接处采用搭接连接,有防雷接地要求的采用搭接焊接,搭接长度应符合设计要求。填充墙顶部叠合梁上部纵向钢筋穿插锚入两边墙体或现浇柱内。墙体模板采用定型钢模板,安装

模板前将墙内杂物清扫干净,在模板下口抹砂浆找平层,解决地面不平造成浇筑时漏浆的问题,定型钢模与预制剪力墙接缝部位使用海绵条或 1 mm 厚双面胶带密封。

节点钢筋、防雷接地跨接、模板施工完成后,浇筑竖向节点。6 层以下的混凝土强度等级应比预制构件提高 2 个强度等级,6 层以上提高 1 个强度等级,要求添加微膨胀剂,保证预制构件与后浇构件结合紧密,无裂纹产生。

现浇暗梁部位由于外保温及保护层直接封模无法排气,无法观测浇筑密实状况,在施工中应制订外墙注浆施工方案,对外剪力墙上下层接缝部位预埋注浆管,待每层混凝土浇筑完毕后,进行注浆,将暗梁部位浇筑不密实及气孔处通过注浆消除,保证施工质量。

2.3　套筒灌浆剪力墙结构

2.3.1　套筒灌浆连接

套筒灌浆连接实际应用在竖向预制构件时,通常将套筒固定在构件下端部模板上,另一端即预埋端的孔口安装密封圈,构件内预埋的连接钢筋穿过密封圈插入灌浆连接套筒的预埋端,套筒两端侧壁上灌浆孔和出浆孔分别引出两条灌浆管和出浆管连通至构件外表面,预埋构件成型后,套筒下端为连接另一构件钢筋的灌浆连接端。与约束浆锚搭接连接相似,构件在现场安装时,将另一构件的连接钢筋全部插入该构件上对应的灌浆连接套筒内,从构件下部各个套筒的灌浆孔向各个套筒内灌注高强灌浆料,至灌浆料充满套筒与连接钢筋的间隙并从所有套筒上部出浆孔流出,灌浆料凝固后,即形成钢筋套筒灌浆结构,从而完成两个构件之间的钢筋连接。

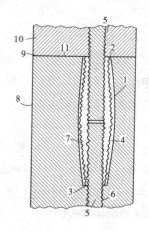

如果灌浆套筒设在竖向预制构件的上端,套筒侧壁可以不设灌浆孔和出浆孔。在构件安装现场,先将灌浆料灌入套筒内,再将上方构件钢筋缓慢插入灌浆套筒,也可以完成套筒灌浆连接,此方法俗称倒插法灌浆连接,如图 2-17 所示。

套筒灌浆连接也可连接混凝土现浇部位的水平钢筋,事先将灌浆套筒安装在一端钢筋上,两端连接钢筋就位后,将套筒从一端钢筋移动到两根钢筋中部,两端钢筋均插入套筒内规定的深度,再从套筒侧壁通过灌浆孔注入灌浆料,至灌浆料从出浆孔流出,灌浆料充满套筒内壁与钢筋的间隙,灌浆料凝固后即将两根水平钢筋连接在一起。在保证

1—灌浆套筒;2—灌浆套筒上端;
3—灌浆套筒顶埋端;
4—沟槽;5—钢筋;6—凸起横肋;
7—水泥灌浆料;8—下部构件体;
9—下部构件上端面;10—上部构件体;
11—上部构件下端面

图 2-17　倒插法灌浆连接

套筒内管间隙充满的条件下,斜向钢筋的连接也可以实现套筒灌浆料连接。

套筒灌浆连接技术的历史至今已有几十年,1968 年,美国的 Alfred A. Yee 申请发明专利,首个工程是美国檀香山的 38 层框架结构的阿拉莫阿纳酒店,用该技术连接预制混凝土

柱。随后几十年,该技术在欧美国家和地区的工业化建筑中已经发展为一项成熟的钢筋连接技术。

日本消化吸收了美国的灌浆连接技术,并进行了发展。1984年,日本建设省确认套筒灌浆连接工法,其灌浆套筒体积小,应用范围广,包括装配式混凝土结构住宅、学校、购物中心、旅馆、停车场等,建筑高度最高已达到200 m以上,这些建筑物均经受住了大地震的实际考验。日本的套筒灌浆接头如图2-18所示。

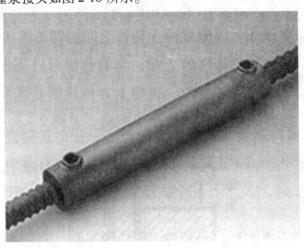

图2-18　日本的套筒灌浆接头

在我国,2009年北京思达建茂科技发展有限公司研发了新型钢制机加工套筒灌浆钢筋接头,并申请和获得了我国自主灌浆连接技术的第1个发明专利。2010年,该技术首次应用于北京万科假日风景装配式整体剪力墙结构住宅D1#、D8#楼。我国自主开发的套筒灌浆技术和产品因其成本低,以及符合我国钢筋产品实际国情的显著优势,逐渐替代了进口产品。目前,国内已有很多企业开发出有关产品,至今套筒灌浆连接技术已在国内多个建筑工业化发展地区广泛应用,特别是在我国抗震设防烈度较高的地区,高层住宅建筑大多采用了套筒灌浆连接方法,工程数量达数百个,该技术已成为我国装配式住宅建筑的重要施工技术。为了规范相关混凝土结构工程中钢筋套筒灌浆连接技术的应用,做到安全适用、经济合理、技术先进、确保质量,住房和城乡建设部组织有关单位编制了《钢筋套筒灌浆连接应用技术规程》(JGJ 355—2015),并于2015年9月1日开始实施。

套筒灌浆剪力结构系主要是指相邻两层预制剪力墙之间,受力钢筋是通过灌浆套筒来实现力的传递,钢筋一端通过机械螺纹与套筒连接,将力传递给套筒,套筒通过内部高强灌浆料再将力传递给另一端的钢筋,楼面与墙板底部预留2 cm缝隙并采用高强灌浆料填实,通过这样的方式来实现上下两层剪力墙内部受力筋的整体连续性。灌浆套筒在墙板标准化生产时,预埋在指定位置,墙板上部伸出受力筋,墙板两侧也有锚固钢筋伸出。在现场吊装剪力墙时,需按照要求将下部所有伸出的钢筋对准下层剪力墙套筒位置,插入套筒中,最终通过在套筒里灌浆来实现剪力墙钢筋的连接。

套筒剪力墙体系包含三明治套筒剪力墙、套筒剪力墙、叠合楼板、预制空调板、预制阳台板、预制女儿墙及预制楼梯等构件。这些构件通过现场拼装,连接部位采用现浇的方式来实现建筑物的整体性。预制墙两侧预留外伸锚固钢筋，保证了墙体水平方向的整体性。外墙暗柱部位采用预制外墙板作为外模板，保证了整个外围墙体保温层的连续性，所有拼缝处采用专业耐候胶嵌缝。内部墙体采用预制剪力墙或者预制轻质隔墙，约束边缘部位采用传统现浇方式处理。楼盖结构采用叠合梁、叠合楼板、叠合阳台等，通过格构钢筋、楼板面层钢筋与楼板上部现浇混凝土连接成整体。

2.3.2　工程实例

（1）天津住宅集团预制装配式住宅项目试验楼。该试验楼为装配式剪力墙结构，装配率为70%，建筑面积为420.47 m²，地上3层，抗震设防烈度为7度，设计使用年限为50年。平面布局兼顾了装配式建筑外墙板的标准化要求和试验浇筑节点的多样化要求，涵盖了预制楼板、预制梁、预制墙板、预制楼梯、预制阳台等结构构件及阴角、阳角、外挑构件、出屋面、女儿墙、L形连接、T形连接、一字形连接等部位的做法及节点构造。预制墙板采用套筒灌浆连接方式，依据该技术要点施工，质量稳定可靠。

（2）天津市双青新家园13地块。装配式建筑墙板面积为29 145 m²，装配率为30%，短肢框架剪力墙结构。工程涵盖了预制楼板、预制内墙板、预制楼梯等构件及阴角、阳角、外挑构件、一字形连接等部位的做法及节点构造。预制墙板采用套筒灌浆连接方式，依据该技术要点施工，施工速度快，节约工期。

（3）天津市双青新家园20地块。工程由18栋住宅楼及2栋公共建筑组成，水平构件数达18 360块，竖向构件数达936块，平均装配率达30%。其中，8号楼为天津市首栋全装配式住宅，装配率达70%。预制墙板用套筒灌浆连接方式，依据该技术要点施工，具有节约材料、绿色施工等优点。

2.3.3　套筒灌浆施工

2.3.3.1　灌浆施工工艺流程

现场预制构件灌浆连接施工作业工艺流程如图2-19所示。

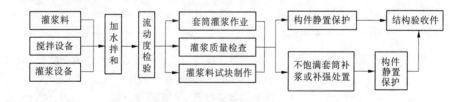

图2-19　现场预制构件灌浆连接施工作业工艺流程

2.3.3.2　竖向套筒灌浆连接工艺及质量要求

竖向套筒灌浆连接施工具体工艺及质量要求见表2-1。

表 2-1 竖向套筒灌浆连接施工具体工艺及质量要求

工序	主要环节	控制要求
1 标记与检查	1.1 标记	为便于记录,对预制构件上的每个套筒进行标记
	1.2 灌浆孔、出浆孔检查	在正式灌浆前,逐个检查各接头的灌浆孔和出浆孔内有无影响浆料流动的杂物,确保孔路畅通(可用空压机吹出套筒内松散杂物)
2 灌浆料制备	2.1 选型	必须采用经过接头型式检验,并在构件厂检验套筒强度时配套的接头专用灌浆料。JM 配套灌浆料型号是 CGMJM – Ⅵ 泵送型。严禁使用未经上述检验的灌浆料
	2.2 施工准备	准备灌浆料(打开包装袋检查,灌浆料应无受潮结块或其他异常)和清洁水: 准备施工器具:①测温仪;②电子秤和刻度杯;③不锈钢制浆桶、水桶;④手提变速搅拌机;⑤灌浆枪;⑥灌浆泵,流动度检测;⑦截锥试模;⑧玻璃板(500 mm × 500 mm);⑨钢板尺(或卷尺),以及强度检测设备;⑩三联模 3 组。 采用灌浆泵时,应有停电应急措施
	2.3 制备灌浆料	严格按本批产品出厂检验报告要求的水料比(比如 11%,即为 11 g 水 + 100 g 干料)用电子秤分别称量灌浆料和水,也可用刻度量杯计量水。 先将水倒入搅拌桶,然后加入约 70% 料,用专用搅拌机搅拌 1 ~ 2 min,大致均匀后,将剩余料全部加入。再搅拌 3 ~ 4 min 至彻底均匀。 搅拌均匀后,静置 2 ~ 3 min,使浆内气泡自然排出后再使用
3 灌浆料检验	3.1 流动度检验	每班灌浆连接施工前进行灌浆料初始流动度检验,记录有关参数,流动度合格方可使用。 环境温度超过产品使用温度上限(35 ℃)时,须做实际可操作时间检验,保证灌浆施工时间在产品可操作时间内完成
	3.2 现场强度检验	根据需要进行现场抗压强度检验。制作试件前浆料也需要静置 2 ~ 3 min,使浆内气泡自然排出。 试块要密封后现场同条件养护

续表 2-1

工序	主要环节	控制要求
4 灌浆连接	4.1 灌浆	用灌浆泵(枪)从接头下方的灌浆孔处向套筒内压力灌浆。 特别注意正常灌浆料要在自加水搅拌开始 20～30 min 内灌完,以尽量保留一定的操作应急时间。 注意:(1)同一仓只能在一个灌浆孔灌浆,不能同时选择两个以上孔灌浆。 (2)同一仓应连续灌浆,不得中途停顿。如果中途停顿,再次灌浆时,应保证已灌入的浆料有足够的流动性,还需要将已经封堵的出浆孔打开,待灌浆料再次流出后逐个封堵出浆孔
	4.2 封堵灌浆、排浆孔,巡视构件接缝处有无漏浆	接头灌浆时,待接头上方的排浆孔流出浆料后,及时用专用橡胶塞封堵。灌浆泵(枪)口撤离灌浆孔时,也应立即封堵。 通过水平缝连通腔一次向构件的多个接头灌浆时,应按浆料排出先后顺序依次封堵灌浆排浆孔,封堵时灌浆泵(枪)一直保持灌浆压力,直至所有灌排浆孔出浆并封堵牢固后再停止灌浆。如有漏浆须立即补灌损失的浆料。 在灌浆完成、灌浆料凝固前,应巡视检查已灌浆的接头,如有漏浆及时处理
	4.3 接头充盈度检验	灌浆料凝固后,取下灌排浆孔封堵胶塞,检查孔内凝固的灌浆料,其上表面应高于排浆孔下缘 5 mm 以上
	4.4 灌浆施工记录	灌浆完成后,填写灌浆作业记录表;发现问题的补救处理也要做相应记录
5 灌浆后节点保护	构件扰动和拆支撑模架条件	灌浆后灌浆料同条件试块强度达到 35 MPa 后方可进行后续施工(扰动)。 通常,环境温度在: (1)15 ℃以上,24 h 内构件不得受扰动; (2)5～15 ℃,48 h 内构件不得受扰动; (3)5 ℃以下,视情况而定。如对构件接头部位采取加热保温措施,要保持加热 5 ℃以上至少 48 h,其间构件不得受扰动。 拆支撑要根据设计荷载情况确定

2.3.3.3　水平套筒连接施工工艺及质量要求

水平套筒灌浆连接施工工艺及质量要求见表 2-2。

表 2-2　水平套筒灌浆连接施工工艺及质量要求

工序	主要环节	控制要求
1　做标记、装套筒	1.1　做标记	用记号笔做连接钢筋插入深度标记。 标记画在钢筋上部，要清晰、不易脱落
	1.2　装套筒	将套筒全部套入一侧预制梁的连接钢筋上
2　构件吊装固定	构件吊装与固定	构件按安装要求吊装到位后固定。 对莲藕节点连接的构件要在吊装前处理下构件基础面，保证干净、无杂物
3　套筒就位	3.1　检查钢筋位置	吊装后，检查两侧构件伸出的待连接钢筋对正，偏差不得超过 ±5 mm，且两钢筋间隙不得大于 30 mm。 如偏差超标需要进行处理
	3.2　套筒就位	将套筒按标记移至两对接钢筋中间。 为操作方便，将带灌浆排浆接头 T - 2 的孔口旋转到向上 ±45° 范围内位置。 检查套筒两侧密封圈是否正常。如有破损，需要用可靠方式修复（如用硬胶布缠堵）。钢筋就位后绑扎箍筋
4　灌浆料制备		同表 2-1 中工序 2
5　灌浆料检验		同表 2-1 中工序 3
6　灌浆连接	6.1　灌浆孔出浆孔检查	在正式灌浆前，应逐个检查灌浆套筒的灌浆孔和出浆孔内有无影响砂浆流动的杂物，确保孔路畅通
	6.2　灌浆	用灌浆枪从套筒的一个灌浆接头处向套筒内灌浆，至浆料从套筒另一端的出浆接头处流出。灌后检查两端是否漏浆并及时处理。 每个接头逐一灌浆。浆料应在加水搅拌开始 20 ~ 30 min 内用完，以尽量保留一定的操作应急时间
	6.3　接头充盈度检验	灌浆料凝固后，检查灌浆口、排浆口处，凝固的灌浆料上表面应高于套筒上缘
	6.4　灌浆施工记录	灌浆完成后，填写灌浆作业记录表；发现问题的补救处理也要做相应记录

续表 2-2

工序	主要环节	控制要求
7　灌浆后节点保护	构件扰动和拆支撑模架条件	灌浆后待灌浆料同条件试块强度达到 35 MPa 后方可进行后续施工(扰动)。 通常,环境温度在: (1)15 ℃以上,24 h 内构件不得受扰动; (2)5 ~ 15 ℃,48 h 内构件不得受扰动; (3)5 ℃以下,视情况而定。如对构件接头部位采取加热保温措施,要保持加热 5 ℃以上至少 48 h,其间构件不得受扰动。 拆支撑要根据设计荷载情况确定

2.4　多连梁预制装配式剪力墙结构

2.4.1　多连梁预制装配式剪力墙结构简介

多连梁预制装配式剪力墙结构简称 MCB(Multiple Coupling Beams)结构(见图 2-20)。MCB 结构是对装配整体式剪力墙结构(或框架剪力墙结构)的一种局部改进。MCB 结构的核心思想是装配式结合部位尽量避开构件最大受力点,在结构中不首先进入塑性耗能状态,以提高结构延性,降低对结合部位性能的要求。其结构整体分析与现浇结构分析方法相同。

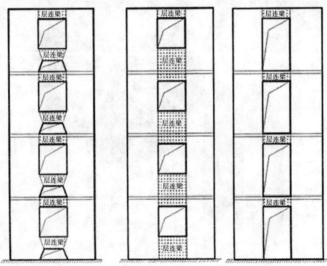

图 2-20　MCB 结构

MCB 结构的设计仍可沿用《装配式混凝土结构技术规程》(JGJ 1—2014)、《高层建筑混凝土结构技术规程》(JGJ 3—2010)、《建筑抗震设计规范》(GB 50011—2010)等。

为实现更好的抗震性能及耗能性能,建议 MCB 结构的附加耗能连梁按如下原则设计:

(1)附加耗能连梁线刚度宜比同一墙片的其他原有连梁的线刚度大。同时,尽量降低附加耗能连梁的高跨比。建议附加耗能连梁宜为其他连梁刚度的 1.1~1.2 倍,高跨比不宜小于 1.5。

(2)附加耗能连梁线刚度为相连墙肢线刚度的 0.8 倍以下,以保护墙肢。

(3)附加耗能连梁的配筋按照恒、活荷载及抗风设计,不考虑地震作用,配筋宜取小值。小震抗震验算时,对附加耗能连梁的刚度进行较大幅度的折减(按规程最低值),以保证附加耗能连梁在小震抗震验算时仍能符合规范要求。

(4)所有墙肢底部连接套筒部位的钢筋可按中震不屈服设计,确保中震下装配连接部位不耗能(基于性能设计)。

2.4.2　典型构件设计

MCB 结构建议采用基于 Revit 软件的三维设计,以确保能正确制作构件,并能够顺利安装。标准层 Revit 模型楼梯间构造如图 2-21 所示。

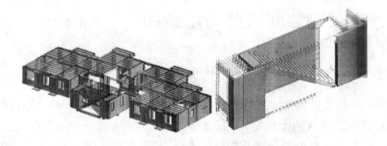

图 2-21　标准层 Revit 模型楼梯间构造

阳台、空调板构造如图 2-22 所示。

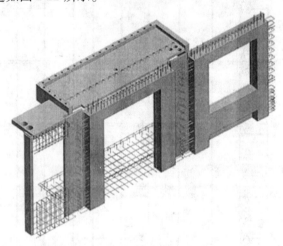

图 2-22　阳台、空调板构造

拉梁连接构造如图 2-23 所示。

预制外墙板 a、预制外墙板 b 分别如图 2-24、图 2-25 所示。

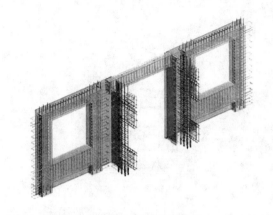

图 2-23　拉梁连接构造

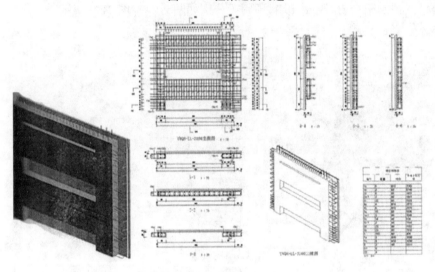

图 2-24　预制外墙板 a

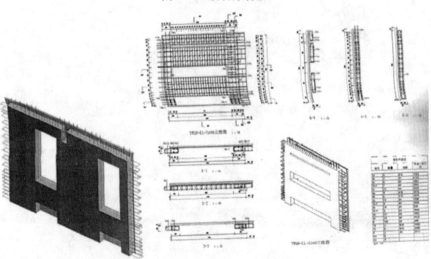

图 2-25　预制外墙板 b

叠合楼板如图 2-26 所示。

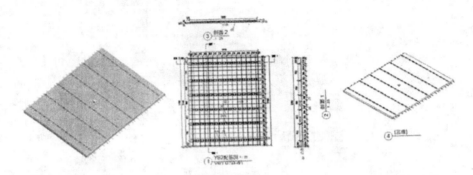

图 2-26　叠合楼板

预制楼梯、预制阳台、预制女儿墙、预制梁分别如图 2-27 ～ 图 2-30 所示。

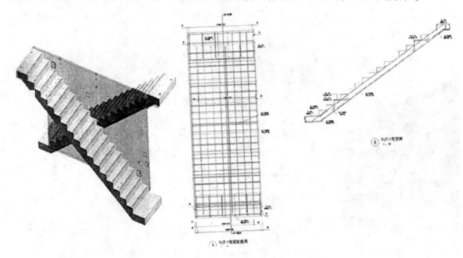

图 2-27　预制楼梯

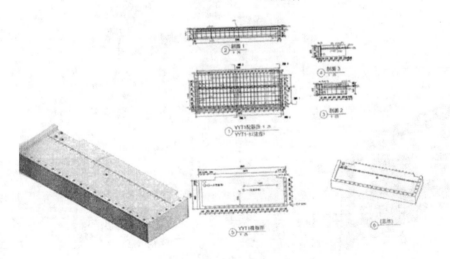

图 2-28　预制阳台

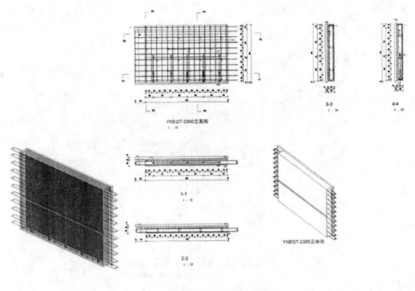

图 2-29 预制女儿墙

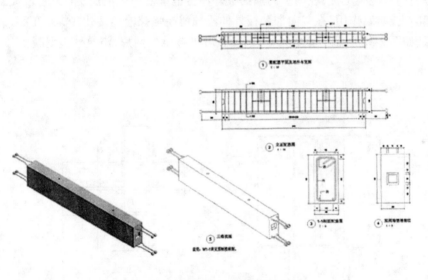

图 2-30 预制梁

2.5 装配式劲性柱混合梁框架结构

2.5.1 装配式劲性柱混合梁框架结构构件

装配式劲性柱混合梁框架结构体系主要是由周边的钢管混凝土柱、钢筋混凝土及两端的型钢组成的混合梁和支撑作为承受竖向荷载和水平荷载的构件,楼面采用叠合板整浇面层,如图 2-31 所示。结构柱、墙、梁、板、楼梯均为工厂预制、现场吊装,通过连接点进行有效结合。

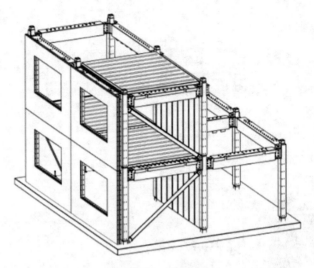

图 2-31 装配式劲性柱混合梁框架结构

2.5.1.1 劲性柱

劲性柱为钢管混凝土柱,柱内竖向加劲板外伸至钢管壁外一定长度并外包混凝土,外包混凝土仅起防火、防腐作用,在竖向加劲板外伸段预留高强螺栓连接孔并焊接工字形钢接头的上下翼缘,如图 2-32 所示。钢管外焊接栓钉,并外挂钢丝网片,浇筑外包混凝土。

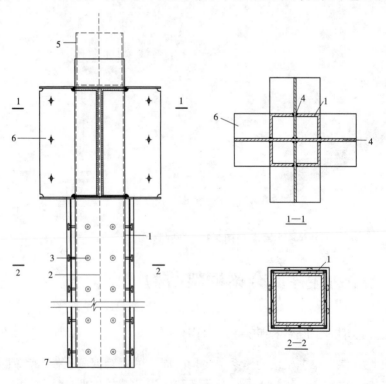

1—矩形钢管;2—钢丝网片;3—焊接栓钉;4—竖向加劲板;
5—连接内衬;6—与梁连接接头;7—钢管外包混凝土

图 2-32 劲性柱

2.5.1.2　混合梁

混合梁两端为工字形钢接头,并预留螺栓连接孔,中间部分为钢筋骨架,梁纵向受力钢筋应与工字形钢接头上下翼缘焊接,混合梁应在两端焊接栓钉,如图 2-33 所示。梁内箍筋应间隔伸出,伸出高度应为叠合板的厚度减去板顶保护层的厚度。

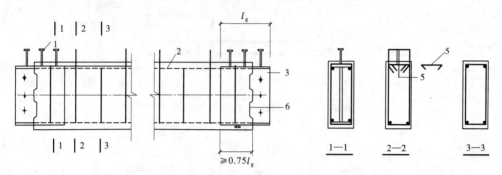

1—栓钉;2—与叠合板连接箍筋;3—混合梁工字形钢接头;
4—混合梁纵向受力钢筋;5—附加拉筋;6—键槽

图 2-33　混合梁

2.5.1.3　支撑

支撑形式宜采用中心支撑,中心支撑的形式宜采用交叉支撑或单斜杆支撑。支撑截面宜采用双轴对称截面,可采用圆形截面、H 形截面钢构件,如图 2-34 所示。

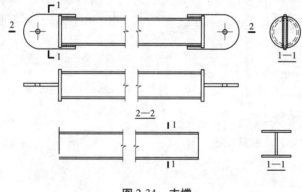

图 2-34　支撑

2.5.1.4　楼板

楼板宜采用叠合楼板,叠合楼板可采用桁架钢筋混凝土叠合板或预制带肋底板混凝土叠合板,如图 2-35、图 2-36 所示。

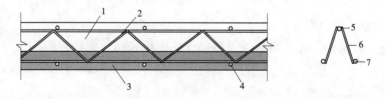

1—叠合层;2—桁架钢筋;3—预制板;4—预制板钢筋;5—上弦钢筋;6—腹杆钢筋;7—下弦钢筋

图 2-35　桁架钢筋混凝土叠合板断面构造

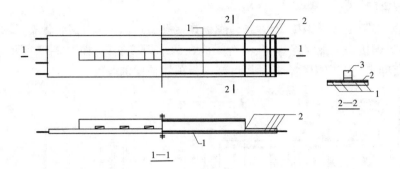

1—底板纵向钢筋；2—底板横向钢筋；3—板肋纵向构造钢筋

图 2-36　预制带肋底板混凝土叠合板构造

2.5.1.5　墙

外墙采用预制混凝土夹芯保温外墙，如图 2-37 所示。内墙采用陶粒混凝土整体浇筑而成，如图 2-38 所示。

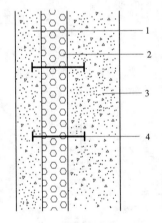

1—外叶墙板；2—保温层；3—内叶墙板；4—连接件

图 2-37　夹芯外墙断面构造

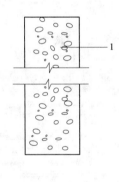

1—陶粒混凝土

图 2-38　内墙断面构造

2.5.1.6　楼梯

预制装配楼梯宜为整体预制构件，梯段板面、板底均应配置通长的纵向钢筋，固定铰支端应预留插筋洞口，施吊位置处设置吊点加强筋，如图 2-39 所示。

2.5.2　装配式劲性柱混合梁框架结构连接节点

2.5.2.1　劲性柱 – 混合梁连接

劲性柱 – 混合梁钢接头腹板处通过附加连接钢板和高强螺栓连接，上下翼缘焊接，如图 2-40 所示。

2.5.2.2　主次梁连接

主次梁连接时，应沿次梁轴线方向埋置工字形钢接头，主次梁通过工字形钢接头进行连接，如图 2-41 所示。

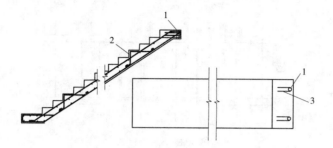

1—预留洞;2—吊点加强筋;3—预留洞加强筋

图 2-39　预制楼梯构造

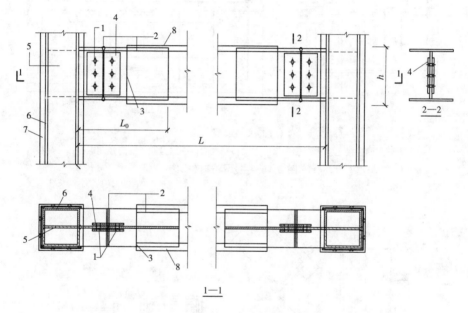

1—高强螺栓;2—焊接;3—预制梁与现浇混凝土分界面;4—连接板;
5—竖向加劲板;6—劲性柱钢管;7—劲性柱外包混凝土;8—梁混凝土保护层

图 2-40　梁柱连接

2.5.2.3　支撑与梁柱连接

支撑与梁柱可采用销轴(见图 2-42)、高强螺栓(见图 2-43)、焊接连接(见图 2-44)或两种方式的组合连接。支撑与梁柱采用焊接连接时,支撑与斜杆的上下翼缘及腹板应采用全熔透坡口焊缝连接。

2.5.2.4　叠合板与混合梁连接

叠合板板端预留钢筋应伸过支座中心线,且应与混合梁间隔伸出的箍筋绑扎连接,预留钢筋长度 e 不应小于 150 mm,且不应小于 5 倍预留钢筋直径,如图 2-45 所示。叠合板在混合梁上的支承长度 L_1 不应小于 15 mm。

2.5.2.5　外墙板与劲性柱连接

外墙板与混合梁连接时,墙板的四个角点预留槽钢,劲性柱焊接带有豁口矩形钢管,矩形钢管底部焊接钢板,下部应焊接底托,外墙板的预留槽钢套入劲性柱的矩形钢管内后,上部角点用发泡水泥填充缝隙,如图 2-46 所示。

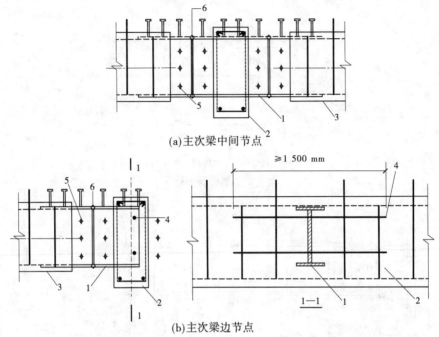

(a)主次梁中间节点

(b)主次梁边节点

1—主梁与次梁连接工字形钢接头;2—主梁;3—次梁;4—加强筋;5—高强度螺栓;6—焊接

图2-41 主次梁连接构造

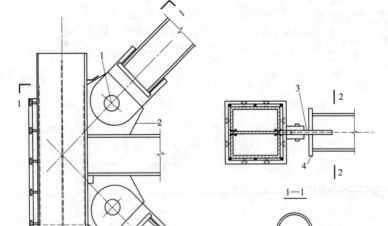

1—销轴;2—节点板;3—连接耳板;4—盖板

图2-42 支撑与梁柱销轴连接构造

2.5.2.6 内墙板与主体结构连接

内墙板上下端、混合梁底部、楼板顶部宜预留插筋孔,插筋插入混合梁、楼板的长度不宜小于50 mm,插入内墙板的长度不宜小于150 mm。内墙板下部坐水泥砂浆,上部用柔性混

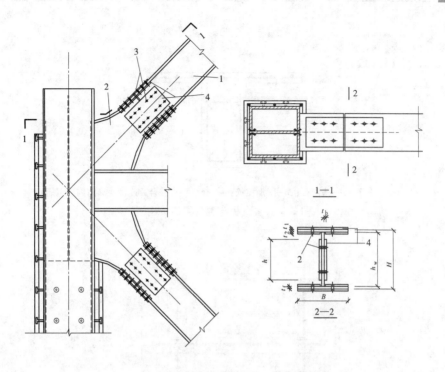

1—支撑;2—斜杆;3—高强度螺栓;4—连接板

图 2-43　支撑与梁柱高强螺栓连接构造

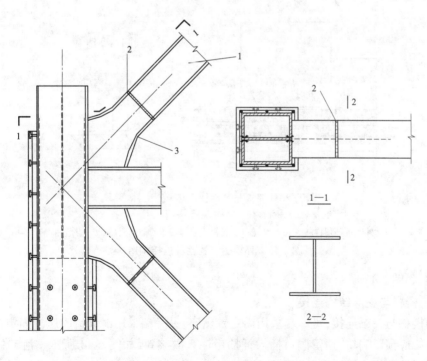

1—支撑;2—焊接连接;3—斜杆

图 2-44　支撑与梁柱焊接连接构造

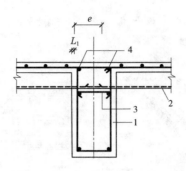

1—混合梁；2—预制板；3—附加拉筋；4—叠合板与混合梁连接处纵向构造钢筋

图 2-45　叠合板与混合梁连接构造

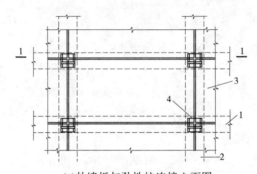

(a)外墙板与劲性柱连接立面图

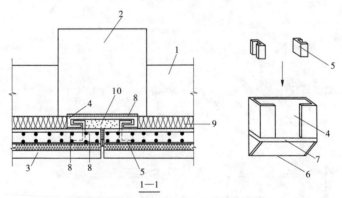

(b)外墙板与劲性柱连接节点大样

1—混合梁；2—劲性柱；3—外墙板；4—劲性柱预留连接件；

5—外墙板预留连接件；6—底托；7—底板；8—焊接；9—防火封堵；10—发泡水泥

图 2-46　外墙板与劲性柱连接构造

凝土填充,如图 2-47 所示。

2.5.2.7　楼梯与主体结构连接

预制楼梯与梯梁连接,可一端采用固定铰支座,另一端采用滑动铰支座。固定铰支座端楼梯和梯梁应预留洞口,预留洞口插入插筋后注入灌浆料,如图 2-48 所示。滑动铰支座端楼梯与梯梁缝隙间应填塞聚苯板和聚四氟乙烯板,防止接触处滑动。

2.5.2.8　夹芯外墙板接缝连接

夹芯外墙板接缝处采用材料防水和构造防水相结合的做法,水平接缝采用高低缝或企

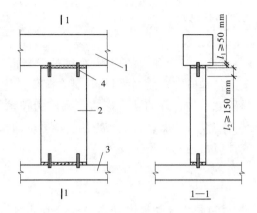

1—混合梁；2—劲性柱；3—楼板；4—插筋

图 2-47　内墙板与主体结构连接构造

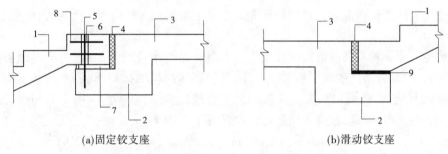

(a)固定铰支座　　　　　　　　　　　(b)滑动铰支座

1—预制楼板；2—梯梁；3—平台板；4—聚苯板；5—插筋；

6—灌浆料；7—水泥砂浆；8—预留洞加强筋；9—聚四氟乙烯板

图 2-48　楼梯与梯梁连接构造

口缝构造,竖向接缝采用平口或槽口构造,如图 2-49 所示。

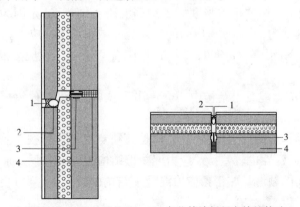

(a)夹芯外墙板水平接缝构造　　(b)夹芯外墙板竖向接缝构造

1—建筑密封胶；2—发泡芯棒；3—橡胶气密条；4—耐火接缝材料

图 2-49　夹芯外墙板接缝构造

2.6 预应力混凝土结构

实现更大的结构跨度一直是人类对建筑的理想,各国的学者也对此进行了广泛的研究。总体上有两条途径:第一条途径是研究轻质高强材料,其在降低结构自重的同时提高了构件本身的强度;第二条途径是研究更加合理的结构形式。预应力技术的引入使得建筑物有可能向更大的跨度发展。随着体育场馆、航站楼、会展中心等建筑的兴建,人们对大跨度结构的不断追求,促进了装配式预应力结构的迅速发展。

2.6.1 预应力混凝土结构的特点

为了克服钢筋混凝土构件过早出现裂缝的缺点及充分利用高强混凝土和高强度钢筋,在结构受荷载作用前,向其施加预压应力,以抵消或减小拉应力的作用,使结构拉应力降低或处于受压状态,因此预应力混凝土应运而生。预应力混凝土结构是为了改善混凝土结构在使用条件下的工作性能而在使用前预先对混凝土施加永久性内应力的一种钢筋混凝土结构。

自从高强度钢材和高强混凝土在预应力混凝土结构中合理使用以来,不但改善了结构的工作性能、耐疲劳强度和变形恢复能力,而且提高了结构的抗剪承载力,改善了构件卸载后的变形恢复能力,还可以根据外荷载的大小合理调整结构内力,从而充分利用高强度钢材,减轻结构自重。因此,预应力混凝土结构是解决建造大(大跨度、大空间建筑)、高(高层建筑、高耸结构)、重(重载结构、转换层结构)、特(特殊结构)等类结构中不可缺少、非常重要的结构材料和技术。

相对于钢筋混凝土结构,预应力混凝土结构的优点主要表现在以下方面:

(1)高强度混凝土及钢筋的应用,使预应力混凝土的材料用量比钢筋混凝土少,而刚度较大。

(2)预应力混凝土结构的抗剪强度大于钢筋混凝土结构,这是因为预先设置的预应力钢筋降低了混凝土的剪力,并且预压应力的存在有效减小了主拉应力。

(3)在反复荷载下,预应力钢筋的应力变化小,显著改善了预应力混凝土结构的抗疲劳性能。

(4)由于在全预应力混凝土结构中不允许出现拉应力,可以使钢材在腐蚀环境中免受侵蚀。

预应力混凝土结构虽然具有很多优点,但是其缺点也不可忽视,主要是构造、施工及计算较混凝土结构复杂,延性也较差。预应力混凝土结构的出现克服了原来的一些工程难题,为工程设计开拓了新的领域。鉴于预应力混凝土结构的特点,下列宜使用预应力混凝土结构:

(1)跨度大或受力很大的构件。

(2)对裂缝控制要求较高的结构,如水池、油罐等。

(3)对构件的变形及刚度要求严格的构件,如工业厂房的吊车梁等。

预应力混凝土结构的分类有以下多种形式:

(1)根据预应力度 λ 的大小,可以分为全预应力混凝土结构($\lambda \geqslant 1$)、部分预应力混凝土结构($1>\lambda>0$)和普通钢筋混凝土结构($\lambda=0$)。

(2)根据预应力混凝土结构施工方法的特点,可以分为装配式预应力混凝土结构、现浇预应力混凝土结构和组合式预应力混凝土结构。装配式预应力混凝土结构是在工厂或者施工现场生产,然后进行现场安装,适合于构件需要大量生产、质量容易控制且成本较低的建筑结构。现浇预应力混凝土结构往往需要大量的模板和支撑,比较适合于大型和重型的结构与构件。组合式预应力混凝土结构集合了前两种施工方法的优点,采用预制与现浇相结合的工艺。预制的部分一般是预应力结构,施工时可以兼作模板,吊装就位后再浇筑其余部分混凝土,通过后浇混凝土把预制构件连接为整体,这样既可以节约模板和支撑材料,又能够保证节点连接的质量。

(3)根据施工时预应力钢筋张拉工艺的特点,可以分为先张预应力混凝土结构和后张预应力混凝土结构。林同炎认为:预制混凝土构件的接头必须具有足够的承载力以抵御地震产生的最大内力,使预制构件结合在一起以构成抗震框架或抗震剪力墙的最好办法,是用后张法将预制构件连接起来。其中,后张预应力混凝土结构又分为有黏结预应力混凝土、无黏结预应力混凝土及部分黏结预应力混凝土。

(4)按预应力在结构中的受荷方式,可以分为有黏结预应力筋连接和无黏结预应力筋连接两种方式。其中,在反复荷载作用下,有黏结预应力混凝土框架的预应力筋有可能出现塑性变形,从而引起预应力损失,甚至损失殆尽。因此,目前预制装配式预应力混凝土框架的节点通常采用无黏结预应力筋连接的方式。无黏结预应力筋连接又可以分为全预应力连接和混合连接两种方式。

①全预应力连接。

全预应力连接是指梁柱节点通过张拉无黏结预应力筋的方式进行连接。图 2-50 显示了全预应力梁柱节点的连接构造,梁和柱均为预制,梁与柱之间留有缝隙,在预制梁柱吊装、拼接后,通过砂浆封闭;梁的端部为矩形截面,梁中部截面处预留孔道,施工时穿入无黏结预应力筋,张拉预应力筋后实施孔道灌浆,经锚固后把梁和柱挤压成整体;梁端上、下部距柱表面不小于 1/2 梁高范围内采用两个螺旋钢筋相互搭接约束混凝土。

装配式全预应力混凝土结构连接有以下特点:

在梁柱接触面的两侧一定距离内采用的预应力筋为无黏结预应力筋,在梁跨中为防止锚具意外失效造成结构连续倒塌而在梁跨中将预应力筋设置为部分有黏结的形式,这样设置是为了减小强震时预应力筋中的应力突增,避免出现震后因预应力筋发生塑性变形而出现过大的预应力损失。比较预应力筋位于梁截面核心点上下侧附近与位于上下边缘附近的差异可知,前者既可增大节点核心区的抗剪能力,又可减小在遭遇地震时预应力筋中的拉应力。

梁柱间通过摩擦力传递剪应力,即摩擦抗剪。在这种连接中,梁柱接触面压力和摩擦力主要来源于无黏结预应力筋的预拉应力,将梁柱预制构件装配成一个框架整体,通过梁与柱之间的摩擦力将梁的剪力传递给柱。梁柱接触面为平面,梁柱之间可不设置牛腿,仅依靠摩擦力传递剪力,这种连接既提高了室内空间的美观程度,又方便了预制构件的制造和运输。

梁端采用螺旋钢筋约束混凝土。在梁端配置螺旋钢筋约束受压区混凝土,能够有效防止地震引起反复大变形时梁端混凝土过早压坏,配置量可按不少于其约束混凝土体积的2%,且螺距不大于螺旋钢筋直径的 1/4,螺旋直径宜在 1/2 梁宽与 1/3 梁高之间,螺旋钢筋

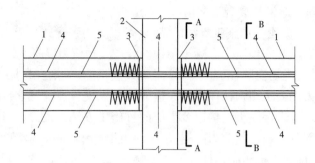

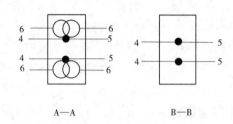

1—预制梁;2—预制柱;3—砂浆;4—预留孔道;5—无黏结预应力筋;6—螺旋钢筋

图 2-50　全预应力梁柱节点的连接构造

混凝土保护层最小厚度与箍筋的要求相同。

②混合连接。

梁柱节点通过普通钢筋和无黏结预应力筋混合配筋组成的连接形式称为混合连接。混合连接中,两种配筋除共同提供抗弯能力把梁柱连成整体外,还分别承担着其他功能:一是为了减小甚至消除结构的残余变形,无黏结预应力筋提供了挤压力,使得梁柱之间形成摩擦抗剪;二是在结构承受水平荷载变形后为其提供弹性恢复力;三是二者在水平反复荷载(强震)作用下,普通钢筋通过交替的拉压屈服变形,达到耗散能量的目的。

混合连接的节点构造如图 2-51 所示。

梁和柱均为预制,梁与柱之间留有宽度不超过 1.5 倍普通钢筋直径的缝隙,该缝隙通过砂浆封闭;梁的端部为矩形截面,顶部和底部设预留孔道;梁中部则在梁的顶部和底部分别设槽而成 H 形截面,以便在孔道中穿入普通钢筋;在梁截面形心处预留孔道,以便穿入无黏结预应力筋;在柱上与梁相对应位置也要留设穿普通钢筋和无黏结预应力筋的孔道;普通钢筋分别在柱子两表面以外不小于 2.5 倍钢筋直径长度内,通过套塑料软管或涂黄油外包塑料布,使得钢筋与混凝土不黏结,从而成为无黏结区;在梁端上、下部距柱表面不小于 1/2 梁高范围内分别用两个螺旋钢筋约束混凝土且相互搭接;普通钢筋和无黏结预应力筋穿入孔道后需进行压力灌浆。

混合连接采用普通钢筋与无黏结预应力筋混合连接,该连接采用的预应力筋为无黏结预应力筋,与全预应力混凝土框架结构连接相同,在梁柱接触面两侧一定距离内无黏结,而在梁跨中段为部分黏结。无黏结预应力筋处于梁截面的形心位置,普通连接钢筋分别位于梁截面的顶部和底部。普通连接钢筋设无黏结区,在梁和柱的接触面(柱的两个侧面)以外 2.5~5 倍普通钢筋直径内设无黏结区,以分散接触面处钢筋的应力,防止连接钢筋过早拉

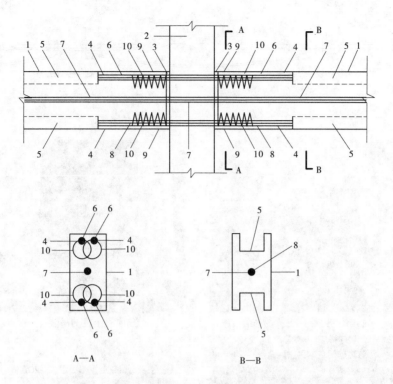

1—梁；2—柱；3—砂浆；4—普通钢筋的预留孔道；5—槽；6—普通钢筋；
7—无黏结预应力筋的预留孔道；8—无黏结预应力筋；9—无黏结区；10—螺旋钢筋

图 2-51　混合连接的节点构造

断。

　　梁柱之间通过摩擦力传递剪力，既摩擦抗剪，也可以通过普通钢筋的销栓作用传递部分剪力。与全预应力连接相同，梁和柱中也不需设置牛腿。接缝宽度在满足安装要求条件下应不超过 1.5 倍普通钢筋直径，以防钢筋受压时外凸变形。梁端螺旋钢筋的设置目的、设置位置、用量、作用等，与全预应力连接相同。

2.6.2　预压装配式预应力混凝土结构

　　预压装配式预应力混凝土结构的应用主要源自于日本的"压着工法"施工技术（见图 2-52），它是在工厂中预制梁和柱，先对梁进行第一次张拉，运至施工现场吊装完成后，通过梁柱中的预留孔洞穿预应力筋，对梁柱节点实施第二次张拉，张拉后实施孔道压力灌浆，节点处采用环氧树脂水泥浆密封凝结，使之形成整体连续的受力节点和受力框架。图 2-53 为预压装配式预应力混凝土结构的安装过程。

　　预压装配式预应力混凝土结构属于预应力混凝土结构的一种，由于梁柱节点是依靠柱牛腿和梁端缺口的组装而后又经过预应力筋的张拉而形成的有机受力整体，所以准确地说，预压装配式预应力混凝土结构是后张有黏结装配式预应力混凝土结构。

　　在预压装配式预应力混凝土结构中，预应力筋既可以在施工阶段作为构件之间的拼装连接手段，又可以在使用阶段承受梁端弯矩，构成整体受力节点和连续受力框架。预应力筋的张拉不仅能够提高梁柱节点的连接强度，而且能够提高框架的刚度和延性，因此在装配式

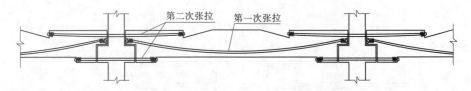

图 2-52　日本"压着工法"施工技术

(a)预应力混凝土梁的吊装

(b)混凝土柱的吊装

(c)张拉预应力钢筋

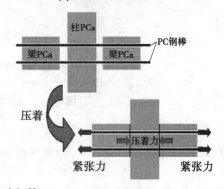

注:柱 PCa 即为预制柱。

图 2-53　预压装配式预应力混凝土结构的安装过程

混凝土结构中应用预应力技术,既可以大大改善装配式结构节点连接性能差的缺点,又能够提高预制装配式混凝土结构结合部的抗震性能。

预压装配式预应力混凝土框架结构将预应力混凝土和装配式结构有机地结合起来,使其不仅能发挥预应力混凝土的优越性,还能体现出装配式结构的各项优点。具体表现如下:

(1)通过将后张预应力筋穿过梁、柱预留孔道,对节点实施预应力张拉预压,将预制梁、柱连为整体。后张预应力筋既可作为施工阶段的拼装手段,又可在使用阶段承受梁端弯矩,构成整体受力点和连续受力框架。

(2)由于节点核心区混凝土处于双向受压状态(梁水平预压力、柱竖向轴压力),混凝土的横向变形受到侧向压应力的约束,在水平地震力作用下,预压装配式框架的节点有较强的抗裂能力和抗剪承载力,符合框架抗震设计"强节点"的要求。

(3)在装配式结构中发挥预应力混凝土构件的优点,能提高构件的刚度和抗裂性能,改善构件抗疲劳性能和耐久性能。

（4）克服了传统装配式结构节点受力可靠性差的缺陷，解决了预应力混凝土框架难以装配的问题，可以满足反复荷载下的受力要求，提高了装配式混凝土结构在地震区使用的可靠性。

目前，预压装配式预应力混凝土结构已经广泛应用在日本的许多装配式结构当中。日本东京北青山住宅（见图 2-54）、日本品川住宅（图 2-55）是这一技术在住宅上的成功应用。青山住宅首先建成并率先使用，为品川住宅的建造提供了宝贵的经验，品川住宅总层数达到 23 层，建筑面积为 18 000 m²。另外，还有日本东京二丁目公共设施，也是应用"压着工法"施工技术建成的预压装配式混凝土结构（见图 2-56）。这三栋建筑的大部分构件在工厂预制，从而保证了工程质量，大大缩短了建设工期。

图 2-54　日本东京北青山住宅

图 2-55　日本品川住宅

图 2-56　日本东京二丁目公共设施

2.6.3　整体预应力装配式板柱结构

整体预应力装配式板柱结构无梁、无柱帽，以预制楼板和柱为基本构件（见图 2-57），由预制板和预制带预留孔的柱进行装配,通过张拉楼盖、屋盖中各向板缝的预应力筋实现板柱间的摩擦连接而形成整体结构,即双向后张拉有黏结的预应力筋贯穿柱孔和相邻构件之间的明槽,并将这些预制构件挤压成整体;楼板依靠预应力及其产生的静摩擦力支撑固定在柱上,板柱之间形成预应力摩擦节点。

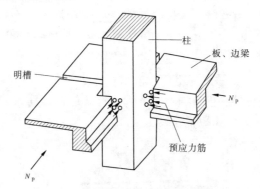

图 2-57 整体预应力装配式板柱结构节点

该结构体系具有以下特点:

(1)板柱间的预应力摩擦节点和明槽式预应力是该结构体系的两大特征;

(2)临时支撑系统搭设、预制构件拼装和施加整体预应力是结构施工的关键工序;

(3)结构的板柱节点延性好,具有良好的抗震性能;

(4)结构无梁、无柱帽,开间大,建筑布置灵活;

(5)工业化程度高,施工速度快,现场用工少,材料用量省,批量化工厂预制可大幅降低建筑成本。

板柱结构的形式可按照不同的方式进行如下分类:

(1)根据施工方法的不同,可分为现浇式和装配式板柱结构。其中,装配式板柱结构体系是在预制钢筋混凝土楼板、柱构件基础上,通过整体张拉拼装预应力钢索而形成的结构体系。

(2)根据楼板中是否施加预应力可分为普通钢筋混凝土板柱楼盖和预应力板柱楼盖。其中,预应力板柱楼盖是通过在楼板内增加预应力钢筋,提高板的承载能力,降低板的厚度,减小建筑物自重,提高抗变形能力。该体系楼盖一般包括:带柱帽的无梁楼盖,通常为无梁楼盖,其包括柱、柱帽、柱托板及平板;平板无梁楼盖,其组成仅包括柱和平板;扁梁平板楼盖,扁梁布置于平板方向,扁梁之间的柱跨布置单向板,梁凸出于柱下的高度一般不超过板厚;密肋板楼盖,双向密肋板是为了减少混凝土用量和减轻结构自重而采用的一种大柱网楼面板体系,柱网两个方向跨度通常是相等或接近的,肋梁方格用塑料模壳形成。

(3)根据楼板的构造可分为空心楼板和实心楼板。空心楼板板柱楼盖是一种平板无梁楼盖,在柱上设有双向暗扁梁。暗扁梁的高度与板厚度相等,板格内按一定水平距离预埋空心圆筒,板内钢筋的配置、构造等与钢筋混凝土双向板相似。在浇筑完混凝土后,即形成钢筋混凝土空心无梁楼盖。在楼板内的空心管,增加了板的截面高度,提高了板的抗弯和抗剪能力,同时又减少了混凝土的用量,从而降低了结构自重。由于混凝土分别在板的上下两侧,即构件内应力最大的地方,因此充分发挥了混凝土的作用。对于跨度比较小的写字楼和居民住宅建筑,可以采用普通实心板作为受力构件,称为普通实心板板柱楼盖体系。

复习思考题

1. 环筋扣合锚接混凝土剪力墙结构是如何构成的？

2. 环筋扣合锚接混凝土剪力墙结构如何处理施工接缝问题？

3. 进行剪力墙吊装时,针对不同形式和质量的构件,应如何选择吊具？

4. 简述楼梯吊装的流程。

5. 飘窗吊装时,下侧板与上侧板之间用可靠支撑或将侧板提前安装用于上下板固定的目的是什么？

6. 套筒灌浆连接技术的原理是什么？

7. 简述劲性柱混合梁框架体系包含的构件及其连接方式。

第3章　装配式钢结构建筑

　　装配式钢结构建筑是指建筑的结构系统由钢构件构成的装配式建筑，作为一种全装配式的建筑结构形式，所有结构构件均在钢结构加工厂完成生产加工，运至施工现场后，完全通过螺栓连接、焊接等方式组装成最终结构，本身不包括湿作业，施工速度快、现场人员少、对环境的影响也小，是一种装配程度极高的结构形式。而模块化钢结构建筑是指将整体钢结构分成多个模块同时建造，最后进行整体组对的钢结构建造技术。模块化建筑是由一系列形状为正方体、长方体及多边形体经组合叠加形成的建筑，其中每个模块都具有自身完善的、设定的分项建筑功能，它可以是仅有门窗的空旷单元，也可以是厨房单元、卫生间单元、楼梯单元、阳台单元等，经在平面上和竖向上组合形成总体完备的建筑功能，一经安装完毕，即可投入使用。

3.1　模块化钢结构建筑

3.1.1　模块化钢结构建筑的特点

　　模块化建筑是工业建筑发展的一个新项目。它在设计、生产工艺、施工方法及组织管理等各个环节相互配套，将建筑打造成一个工业化生产的完整过程。这种建筑建设过程的基本特征是设计标准化、建筑生产工厂化、施工机械化及项目组织管理科学化。其中，民用建筑主要有砌块建筑、大楼板建筑、大模板建筑、滑模建筑、升板建筑、盒子建筑等。

　　相比传统建筑方式，模块化钢结构建筑具有以下优势：

　　(1)可持续性生态优势。可持续性是模块化建筑与传统建筑方式最明显的优势之一。建造过程中的集中生产也使得建造能耗低于传统手工方式，改变了混凝土构件的养护方式，实现养护用水的循环使用，降低了建筑主材的损耗；装配化施工的方式，降低了建筑辅材的损耗，极大程度地减少了建筑垃圾的产生、建筑污水的排放、建筑噪声的干扰、有害气体及粉尘的排放。

　　(2)节能优势。模块化建筑设计采用合理的窗墙比例，围护结构采用高质量的保温隔热复合墙板，隔绝了热桥，与现有同类钢筋混凝土建筑结构相比能耗得到了较大幅度的降低。由于复合墙板具有较高的密度，热惰性指标高，隔热、隔音性能好，其节能指标达到三步节能65%以上的要求，并向四步节能要求发展。同时，模块建筑可以组合成各种建筑平面和立面形式，美观大方，为人类居住、办公等提供了十分舒适的人文环境。

　　(3)抗震性能高的优势。模块化钢结构建筑一般采用钢框架或钢框架—支撑结构。对于超高层建筑，则采用消能减震支撑结构，钢结构承载力高，延性好，而且连接节点可靠，即使在大地震作用下，仍具有经一般维修可继续使用的性能目标，其抗震性能远高于现浇或装配式钢筋混凝土结构,确保了人们的生命和财产的安全。

(4)防渗漏及隔音等建筑物理性能的优势。由于采用了高质量的复合墙板并具有较好的延性性能,钢结构能很好地适应总体结构因各种不同荷载作用产生的变形,确保外墙不开裂;对于接缝处,除采用密封胶封闭外,在内侧设置诱导水孔,以将接缝处可能发生的渗水诱导至水孔泄出,确保围护结构的水密性要求;卫生间采用隔水性能良好的柔性材料,杜绝了渗漏现象。

(5)施工效率及施工质量的优势。模块建筑 95% 以上的工作在工厂完成,不受季节或环境的影响,而且模块元素的制作和组装都在生产流水线上完成,机械化程度高、效率高,在工地采用机械吊装,安装速度快。根据英国、美国相关经验,一栋 1 万 m² 的高层钢结构住宅建筑在现场仅需 1 台吊车和 10 余个工人 4 个月内即能完成安装;而普通现浇钢筋混凝土结构的施工周期一般要在 1 年半以上,即使采用梁、柱、板构件装配式建筑或大板结构建筑等也需要 1 年以上。相比之下,模块化钢结构建筑的施工速度比上述两种施工方法分别提高了 2~3 倍。此外,模块单元均在工厂建造,包括钢材加工、焊接框架、组装墙板和电气水暖设备都在工厂车间生产流水线上进行,精密程度高,并能进行有效的质量监控,因此模块建筑的施工质量远高于普通现场露天施工的建筑工程。

(6)节约材料及降低成本的优势。模块化钢结构建筑标准化程度高,减少了材料的消耗,边角料在车间易回收再利用,可避免普通现浇钢筋混凝土建筑现场施工的浪费现象。同时,考虑了工业废料的利用,如发电厂的粉煤灰、废弃的聚苯乙烯材料等经过加工制成各种墙板构件的部品,可以达到节约材料的目的。

模块化钢结构建筑虽然用钢量略高于普通钢筋混凝土建筑,机械施工费用也较高,但结构重量轻,降低了地基处理费用,而且可回收的材料应用较多,减少了原材料的浪费,特别是缩短了施工周期,减少了现场施工人员,降低了施工成本,资金回收速度快。经综合对比,其建造成本可与普通钢筋混凝土建筑结构持平,是经济合理的。

目前,我国模块化建筑推广并不理想,模块化钢结构建筑也是如此。影响模块化建筑推广的主要原因如下:

(1)建造模块的预制工厂投资太大,运输、安装需要大型设备,建筑的单方造价也较贵。

(2)我国现在新开发的房屋建筑主要是高层建筑,在高层建筑的建设过程中,承重体系的计算非常重要,用模块化的形式生产,面临不少困难。美国、日本的房屋大部分是独立住宅,与高层建筑相比,独立住宅用工业化的形式生产更有利。

(3)我国的建筑行业是劳动密集型的产业,吸纳了大量的剩余劳动力,劳动力便宜。住宅工业化生产与农民工现场生产相比,在生产成本上没有优势,这是影响住宅工业化的一个重要障碍。

(4)如何把在工厂生产的模块运送到施工现场,也是一个必须面对的问题。

笔者认为,影响我国住宅工业化快速发展的重要原因是我国的工业化水平总体上较低。

模块化建筑技术涉及多个专业,对各个专业都提出了相应的基本要求:

(1)建筑专业。

①合理的模块尺寸。

由于模块单元在运输、吊装及安装施工过程中结构安全的需要,经综合分析,其最大尺寸宽度不宜大于 4.2 m,长度不宜超过 12 m,高度可为 3.0 m、3.3 m、3.6 m、3.9 m、4.2 m、

4.5 m,不宜超过 6.0 m。最小宽度可为 1.2 m、1.5 m、1.8 m。在建筑设计时,开间和进深大小不受限制,利用模块拼接即可。

②建筑模数。

模块单元的模数原则上应遵守《建筑模数协调标准》(GB/T 50002—2013)。对于特殊形体的建筑物可采用非模数化的尺寸。基本模数为 1 000 mm,水平扩大模数基数可为 3 m、6 m、12 m、15 m、30 m、60 m,竖向扩大模数基数为 3 m、6 m,分模数基数为 1/10 m、1/5 m、1/2 m。

③竖向层高的确定。

模块单元竖向组合时有两种情况:

一是直接叠放,建筑层高即为模块单元高度。

二是采用有垫块连接件时,则建筑层高应取模块单元高度和垫块连接件的高度之和。建筑层高控制在 3.0 m 或 3.2 m。

④模块单元划分。

模块单元划分有以下四种情况:

一是全封闭式模块单元,即空间框架单元的顶板、底板及四面侧墙都已完成,其内部装修已完成(灶具、洁具等已安装,其安装方式可为散件安装或整体式厨房和整体式卫生间)。全封闭式模块单元在多层建筑中可全部采用,在高层和超高层建筑中可大部分应用,是工厂制作中的主流模块单元。

二是基本封闭模块单元,即空间钢框架单元的顶板、底板、内墙板、外墙板已基本组装完毕,仅在框架柱连接范围局部构件露出,以便于工地安装时框架柱的上下连接施工,节点连接完成后再完善局部墙体的拼接。

三是半封闭模块单元,即内外墙板等有部分尚未组装,其中有的是因安装重要构件需要,有的是因建筑功能需要某些侧面无墙,有的是因为与其他模块单元拼接合用隔墙等。

四是开敞式钢框架模块组合单元。此类单元在某些特定工程中的应用,可解决某些复杂的空间组合配合连接应用问题。所谓开敞式钢框架模块组合单元,即空间钢框架单元 4 个侧面和顶板、底板均不安装,采用工厂内制作时将 2~3 层钢框架模块单元竖向组合成整体单元,也可根据建筑功能,将横向 2~3 个进深钢结构模块单元横向组合成整体单元。

将上述开敞式钢框架模块单元运至工地现场安装,与主体结构通过预埋件和连系梁连接形成整体框架,再安装围护结构等,可大量减少焊接作业量,而且节点连接质量可靠。

(2)设备专业。

①水平向各种管线尽量布置在模块单元的顶板内或底板内,竖向管线可布置在模块单元的周边墙体内。

②各种水平和竖向管线的汇集应合理,宜在模块单元上部和下部设置统一的出入接口,以便于与相邻单元的连接。

③对于主管道、主管线应设置管道井,管道井可设置在某一模块单元内,其出入接口应方便与其他模块单元的连接,必要时应进行预装配连接。

④模块单元的管线,应采取防水、防腐和防撞击的防护措施。

⑤设备立管需要穿过模块单元顶板、底板时,应预先定位开孔,孔径应考虑安装误差,封口应满足防火、防水和隔音的有关要求。

⑥配电系统应利用组合后的钢结构进行总等电位连接。

⑦防雷接地应与交流工作接地、安全保护接地共用模块单元,其他钢构件为自然接地体,此时应按规定位置将上部结构与基础钢筋连系焊接,达不到接地电阻要求时应另外引出接地极。

⑧模块单元房屋供电的外线接口宜采用专用的插口,并符合该插口所规定的额定电流。

(3)结构专业。

①一般要求。

当层数在 4 层及以上时,一般应设置专门的抗侧力构件,可选择在山墙、部分隔墙、楼(电)梯间等部位的模块单元设置竖向桁架。桁架形式一般可为八字形、V 字形、单斜撑形以方便开设门窗等。该模块单元一般称为非标准单元,其余则为标准单元。框架柱的截面尺寸宜同墙厚,一般不宜突出内墙面,可以突出外墙结构面。模块单元应注意单元组装、单元运输和吊装施工过程的安全性和可行性,并应验算结构的刚度、强度、抗裂性是否满足规范要求,确保模块单元成品不发生损坏。

②主模块单元。

在结构上除承受自重荷载(包括恒荷载和活荷载)作用外,尚应承受上部模块单元体系的荷载。在风荷载和地震作用下,尚应承受部分侧向作用。因此,一般模块单元四个框架柱和上下各四个框架梁需要较大的刚度和强度,而且梁柱节点必须形成刚接,部分主模块单元当承受较大的侧向力时,需具备较大的侧向刚度,可采用设置普通支撑、偏心支撑、消能支撑或设置消能器等方式。其中,普通支撑主要提高侧向刚度;偏心支撑能部分消耗地震能量;后两种支撑主要消耗地震能量,达到减震的效果,并提高一部分刚度。以下简单介绍前两种支撑:

一是普通支撑。普通支撑一般在模块单元的长向侧面内呈人字形或 V 字形布置。

二是偏心支撑。在模块单元的长向侧面,上框架梁和下框架梁之间设有由两斜杆构成的支撑,两斜杆呈人字形或 V 字形布置,支撑与框架梁和框架柱中心线交点应偏离,该偏离段即为梁耗能段,其原理为通过该段钢梁的剪切变形消耗能量。对于人字形支撑,梁耗能段设置在下框架梁;对于 V 字形支撑,梁耗能段设置在上框架梁,梁耗能段长度一般可取1 000 mm,其腹板应设置加劲板。

在模块单元的短向侧面内,所述上框架梁和下框架梁之间设有一斜杆,称为单斜杆支撑;如在门窗洞口,则应设计成门架支撑。一般来讲,对于单斜杆支撑,可以在下框架梁设计耗能段;对于门架支撑可以在上框架梁设置耗能段,耗能段长度宜小于 800 mm,其腹板均应设计加劲板。

③次模块单元。

在模块单元进行组合时,部分可采用次模块单元填塞,还有部分现有建筑中结构楼面上设置功能性模块,也可采用次模块单元。次模块单元结构一般承受自重,以及承受本身在地震中产生的惯性力,并将上述两种力传递至主模块单元,次模块单元的抗侧刚度和强度远小于主模块单元。因此,在次模块单元中,除模块底部框架梁与框架柱宜做成刚接外,模块单元顶部因荷载较轻,上部框架梁与框架柱可以做成铰接。

总之,模块化钢结构建筑产品在其全寿命周期内能源利用效率较高,产品在使用期结束拆卸时依然有大量的材料及部品可回收再利用,而不至于产生大量的建筑垃圾,模块化钢结构的生产方式使建筑的建设过程和最终产品更加环保,资源利用更加合理。我国基本建设规模大,每年开工项目的面积已达到 5 亿 m² 以上,节约资源、保护环境,提倡建筑工程的工业化是我国工程建设的基本国策。集成模块建筑是一种绿色建筑结构体系,在倡导绿色建筑、绿色设计及绿色施工的同时,对建筑体系、结构体系、建筑设备、钢结构围护及工厂化生产与施工安装也是一次新的产业升级,它的出现必将在我国建筑领域的发展中结出硕果。

3.1.2 集装箱式模块化钢结构建筑实例

作为模块化钢结构建筑的一种形式,集装箱式建筑成为当代一种比较流行的趋势,这种绿色建筑技术强调环保,倾向于在视觉层面传达出再创造、再利用的绿色价值观。同时,其还具有模块化建筑的特点,即施工周期短、抗震性强等。以下精选 3 个具有代表性的项目。

3.1.2.1 巴西伊塔雅伊集装箱建筑

由 Rodrigo Kirck Arquitetura 团队设计,位于巴西伊塔雅伊港口城市的集装箱建筑(见图 3-1),作为模块化建设理念的实施,通过创新性设计,满足办公空间更接近自然并富有艺术气息的要求。建筑主要由两个单一的仓库体量组成,每个体量由两个集装箱叠置,通过中间一个天窗容纳垂直交通,同时最大限度地为室内提供阳光。同时,集装箱上方两个屋顶花园,为建筑实现了收集雨水、减少太阳辐射影响及给人以舒适的视觉效果。室内装饰以温暖舒适为原则,通过灯具设计、可回收材料、色彩协调性及大量艺术品的精致化布置,为室内提供了良好的视觉效果及整体性。

图 3-1 巴西伊塔雅伊港口城市的集装箱建筑

3.1.2.2 哥本哈根集装箱式办公室

位于哥本哈根旧工业海湾区的集装箱式办公室(见图 3-2),由丹麦建筑公司 Arcgency 设计。设计者希望通过改变集装箱形式的组合式设计,在有限的时间内提供高质量的办公空间。建筑的 90% 由可循环利用材料制成,全部负重结构由 20 ft 高的集装箱组成,形成两排 3 层高的方格结构建筑。高性能隔热夹芯板密封的建筑表面,可以最大限度地减少热量损失。为了减少由于地理位置带来的持续性影响,同时便于交通运输,设计者利用支柱将集装箱抬离地面,同时在保留窗户基础上,对集装箱外部进行遮盖以满足隔音要求。室内空间通过内部楼梯将多个叠摞的集装箱连接在一起,钢板墙简单地分割空间,使其内部工作空间分隔灵活。

3.1.2.3 北京潮汐集装箱办公空间

北京潮汐集装箱办公空间的设计团队普罗建筑,创新性地在其工作室空间内,利用集装箱概念体系,将一个标准尺寸的海运集装箱分成四个不同功能部分(见图 3-3)。通过底部

图 3-2 哥本哈根旧工业海湾区的集装箱式办公室

滑轮随意组合空间形式,制造出多种形式的办公体验空间,在不需要时还可以合成一个完整箱体,最大化集约剩余空间。箱体系统设计为全栓接结构体系,预制组件不仅便于搬运组装,而且不产生建筑废料。这样的模块化空间不仅能满足工作室基本的功能需求,而且可变的部分随着不同时间段的需求,随时调整位置和组合,以满足不同的功能需求。

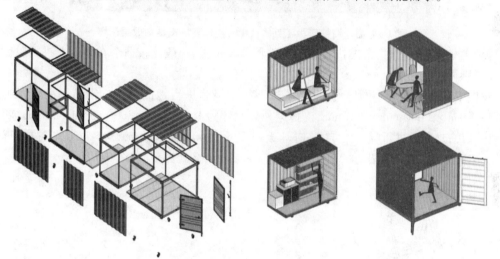

图 3-3 集装箱概念体系

3.1.3 模块化钢结构拼装与吊装技术

由于受运输等条件限制,常规钢结构长度一般分段在 14 m 以下,因此就有大量钢结构需要散运至现场。为提高钢结构施工效率,缩短施工工期,需要在地面上对钢结构进行模块化拼装成一稳定的单元体后再进行分片式安装。

钢结构模块化施工应用,能够有效降低高空作业风险,缩短工程工期,为实现工程整体效益提供保障。采取钢结构模块化施工技术,较之传统分片散装方式,安全性更为突出,所采取的施工措施更少,更加经济、节能、环保,未来应用前景广阔。

3.1.3.1 模块化钢结构拼装及吊装技术

目前,大跨度钢结构造型愈发新颖,为满足建筑造型需求,会出现在空间上呈异形结构的超大超重构件。例如,福州海峡奥林匹克体育中心(见图 3-4)主体场形如贝螺,上部钢结构罩棚采用双向斜交斜放网架空间结构。罩棚网架结构由主、次单元网格以及腹杆组成,单片网架吊装单元在空间上呈三维弯扭造型,最大单元尺寸 37.5 m×4.5 m×4.2 m,最重构件约 42 t。体育馆外环桁架单元多为由两个三角形共边组成的不规则四边形,最重构件约 21.8 t;墙面网格结构在空间上呈向外倾斜的交叉 X 形,最重构件约 26.5 t。该类型的钢结构由于结构形式不一,空间上呈弯扭等特殊状态,施工技术难度极大。

图 3-4　福州海峡奥林匹克体育中心主体育场钢结构效果示意

钢结构建筑施工时,考虑拼装后的构件尺寸及重量,一般比较适合在地面上拼装成稳定的 X 形后再进行吊装。

(1)对某些截面较小的构件,设计了以下拼装措施进行地面拼装。钢结构的尺寸主要为 6 000 mm×2 000 mm×200 mm,支撑架外观尺寸为 1 300 mm×800 mm×1 000 mm,两段桁架间用临时耳板进行临时固定,临时耳板的尺寸为 60 mm×20 mm×6 mm。支撑架拆卸方便、布置方便,在支撑架与桁架单元间垫有钢板以调整其标高,如图 3-5 所示。

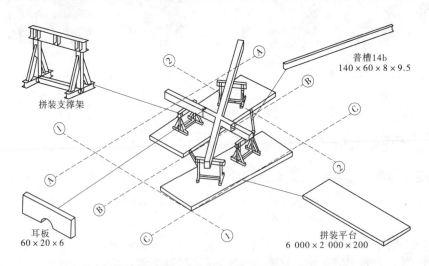

图 3-5　较小截面钢结构构件地面拼装措施设计　(单位:mm)

较小截面钢结构构件地面拼装工艺如下:

步骤一:按照轴线,将拼装平台布置到位,现场拼装前先将拼装场地整平、硬化,采用路基箱作为施工平台,根据墙面单元的平面投影,放样出弦杆、腹杆的中心轴线,拼装平台间用普槽 14b 进行连接固定(见图 3-6)。

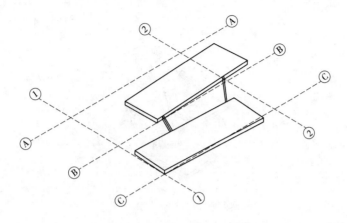

图 3-6 拼装平台板的定位放线

步骤二：按照墙面单元的空间位置，在平台上布置支撑架，支撑架必须严格按照图纸布置，需将其中心对准墙面单元轴线且保持垂直，支撑架底部与拼装平台进行点焊固定（见图 3-7）。

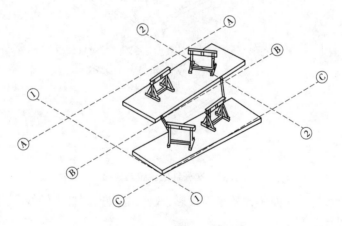

图 3-7 支撑架的定位放线

步骤三：墙面单元主杆件的就位必须准确，可以在支撑架上垫衬钢板来调节主杆件的位置（见图 3-8）。

步骤四：将次杆件吊装就位后，先进行测量调整，用临时耳板进行临时固定，再进行焊接固定。拼装完成后，须将临时耳板割除，并对单元进行打磨、补漆等操作（见图 3-9）。

（2）对某些截面较大的构件，设计了以下拼装措施进行施工。拼装措施的尺寸主要为 6 000 mm×2 000 mm×200 mm，支撑杆为工字钢（横放于拼装平台上），尺寸为 488 mm×300 mm×11 mm×18 mm，两段桁架间用临时连接耳板进行临时固定，且连接部位将在杆件侧向开焊接工艺孔来进行焊接。单根杆件上焊接工艺孔的宽度为 200 mm，临时连接耳板的尺寸为 160 mm×70 mm×10 mm。支撑杆可拆卸，布置方便，在支撑架与桁架单元间垫以钢板来调整其标高，如图 3-10 所示。

较大截面钢结构构件地面拼装工艺如下：

步骤一：按照轴线，将拼装平台布置到位，现场拼装前先将拼装场地整平、硬化，采用路

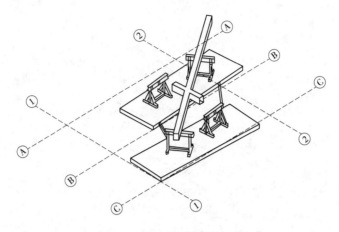

图 3-8　主杆件的调整与定位

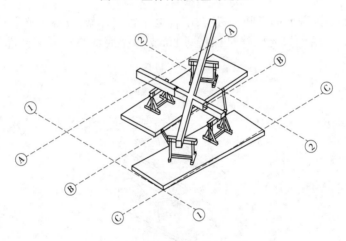

图 3-9　次杆件的就位与拼装

基箱作为施工平台,根据墙面单元的平面投影,放样出弦杆、腹杆中轴线,拼装平台间用普槽14 b 进行连接(见图 3-11)。

步骤二:按照桁架的空间位置,在平台上布置支撑型钢,截面为 488 mm×300 mm×11 mm×18 mm,支撑型钢必须严格按照图纸布置,支撑型钢底部与拼装平台进行点焊固定(见图 3-12)。

步骤三:墙面单元主杆件的就位必须准确,可以在支撑架上垫衬钢板来调节主杆件的位置(见图 3-13)。

步骤四:将次杆件吊装就位后,先进行测量调整,用临时连接耳板进行临时固定,再进行焊接固定。焊接时,先进行工艺孔外的三边焊接,监测合格后方可进行盖板的焊接固定,拼装完成后须将临时连接耳板进行割除,并对单元进行打磨、补漆等操作(见图 3-14)。

通过对钢结构构件进行地面拼装,可以有效减少安装使用的措施使用量。同时,可以减少高空焊接作业量,在降低施工成本的同时,能够有效地保证钢结构施工质量,实现真正意义上的绿色节能施工。

3.1.3.2　模块化结构高空吊装技术

目前,大型钢结构外观造型趋于多样化,先后出现了如北京鸟巢、深圳大运会中心、武汉

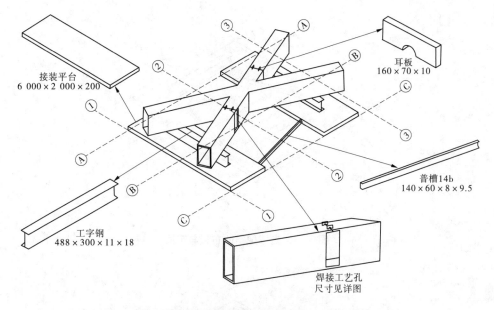

图 3-10　较大截面钢结构构件地面拼装措施设计　（单位:mm）

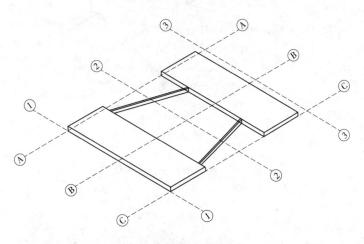

图 3-11　拼装平台的就位

火车站、福州海峡奥林匹克体育中心、昆明国际会展中心等造型各异的钢结构。该类型钢结构多为弯扭构件,相较于传统大跨度钢结构,极大地提升了钢结构施工的技术难度。由于结构形式各异,可供直接借鉴利用的技术资料相对匮乏,高空吊装、就位、校正等存在极大的困难。

　　大型钢结构在地面拼装时,有时受拼装场地等外部条件限制,无法采取地面"原位拼装",而需要采取"卧拼"等方式。因此,在吊装过程中,需要根据钢丝绳长度、吊装单元大小的不同等采用不同的翻身方式。

　　翻身方式 1:采用四点吊装两根钢丝绳,依靠钢丝绳在钩头内的滑动来调整桁架。如果桁架较重,钢丝绳较粗,当调整到最后时,可能会造成钢丝绳在钩头内滑动不畅,不能准确调整到位,需要其他吊车配合调整。

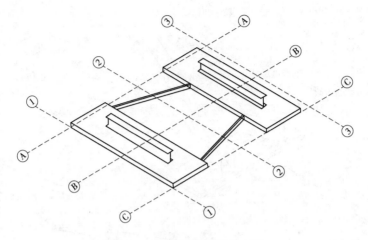

图 3-12　支撑型钢的布置与定位

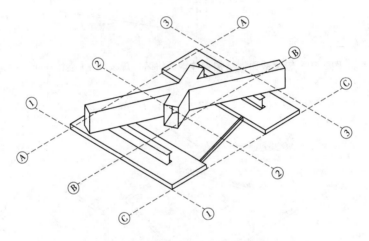

图 3-13　墙面单元主杆件的就位

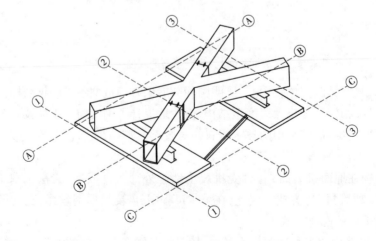

图 3-14　次杆件的就位与拼装

翻身方式 2：采用四点吊装四根钢丝绳，桁架离地后的吊装状态就是桁架的安装状态，有利于桁架安装的准确就位。但必须严格控制四根钢丝绳的长度及挂钩点，方能保证翻身后桁架角度与设计角度一致，对吊点的选择要求也更高。

超大超长桁架在吊装就位后，需要通过临时措施进行固定，就位后设备才可以进行脱钩。为提高吊装设备的综合使用效率，缩短工程施工工期，需要对就位后的桁架进行临时固定。由于网格结构在高空位置的各处支点标高各不相同，所以需要设计一种顶部工装，用于临时固定及标高调节。

考虑大多数的钢结构都需要进行卸载作业，故设计了一种沙漏卸载支撑平台，用于支撑沙漏及找平沙漏与网格结构间的高差，并提供罩棚结构安装及卸载施工时所需的操作空间。其主要由 HW400×300×10×16、HW300×200×8×12 及 HW250×250×9×14 组成，通过四个立柱将荷载传递至竖向支撑，其结构形式如图 3-15 所示。

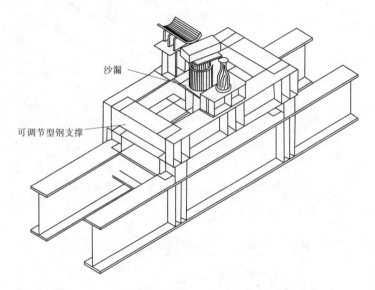

沙漏

可调节型钢支撑

图 3-15　超大超长桁架高空就位措施（用于沙漏卸载）

考虑大型钢结构在高空就位时并非呈现平面状态，而是存在着一定的高度差，另外超长超大桁架基本呈弯扭状态，为抵消超长超大桁架的倾覆力矩，防止桁架单元在安装时发生倾覆，故设计了一种高空就位操作平台，主要截面为 HW300×300×10×15、热轧普通工字钢 20b、普钢 14b、等肢角钢 50×4 组成，见图 3-16。超大超长桁架高空就位示意如图 3-17 所示。

穹顶吊装单元结构因刚度较小，且其曲率变化大，不宜采用扁担梁吊装或四点吊装方式解决其吊装变形问题。现场施工时可采用 6 点吊装方式，根据 6 个吊点设置位置的不同，通过计算确定变形最小的吊点位置，先安装定位吊装单元上端口并焊接固定（此时下端口与焊接球的间隙较大），然后慢慢松钩，利用吊装单元的自重，使其下端在焊接球面上缓缓下滑至安装位置，接着利用限位板焊接固定，并测量吊装单元吊装位置的空间定位情况，调整到位后进行吊装单元的焊接。同时，采用有限元软件对各吊装单元的吊装工况进行吊装仿真计算分析，反复调整各吊点位置，以得到最优的吊装方案，保证各吊装单元的强度、稳定和

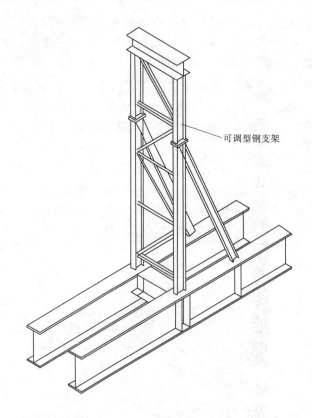

图 3-16　超大超长桁架高空就位措施（用于抵消倾覆力矩）

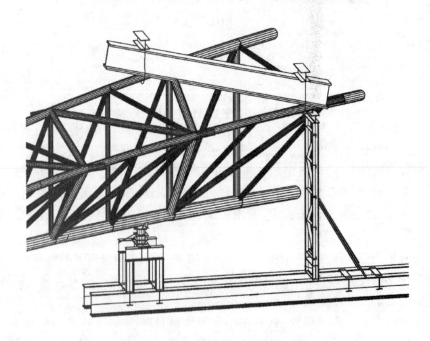

图 3-17　超大超长桁架高空就位示意

刚度均能满足要求。

　　绍兴金沙·东方山水国际商务休闲中心项目网壳的安装采用模块化施工技术，地面拼装、分块吊装,借助整体结构吊装时在环桁架部位设置的支撑架,在穹顶中央再设一个独立支撑架。通过考虑外围主吊装机械的起重性能及施工过程结构的变形大小,将单层网壳结构分为 5 个单元,每个单元包含若干条脊梁和中间的环形杆件。为尽量减小吊装过程中由于整个网壳结构体系未成立而产生的无法消除的过程变形,最终影响弦支穹顶结构的安装精度,分块吊装时依据分块编号的大小对称吊装。网壳拼装吊装示意如图 3-18 所示。

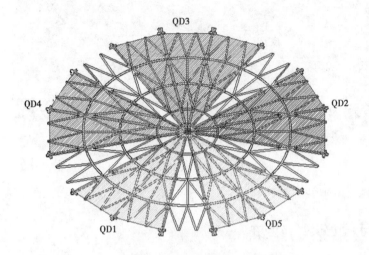

图 3-18　网壳拼装吊装示意

每一块吊装单元就位后立即焊接与环桁架及穹顶中央铸钢件的对接焊缝,在焊缝焊接完成后方可松钩,使每个单元就位后两端约束条件为刚接,以减少松钩后的变形。穹顶分块吊装完成后照片、钢结构安装完成效果分别如图 3-19、图 3-20 所示。

图 3-19　穹顶分块吊装完成

通过合理的多吊点控制拼装单元翻身,可以允许在地面拼装时采用"卧拼"等非常规方式,以减少常规的原位拼装由场地等因素带来的影响。同时,可以有效降低拼装单元在立面

图 3-20   钢结构安装完成效果

上的高度,减少拼装措施的用量。

3.2   预应力钢结构建筑

对大跨度空间的需求,促使专家学者们研究了一种既能满足建筑平面、空间和造型的要求,跨越足够大的跨度,又具有更好的技术经济指标的建筑体系。而一般的钢结构建筑,由于受结构形式限制,从技术上很难跨越更大的空间来满足飞速发展的社会需求。通过研究和实践发现,将高强预应力拉索与传统钢结构(如桁架、网壳、拱等)结合,形成具有三维空间形状且呈空间工作状态的预应力空间钢结构,如张弦梁(如哈尔滨会展中心,见图 3-21)、斜拉网格(如江宁体育场,见图 3-22)、弦支穹顶和索拱等,能满足更大跨度建筑结构的要求。此类结构通过张拉高强拉索在结构中建立合理的预应力,主动调控和改善结构位形、内力和支座反力,增强结构刚度和稳定性,实现了以较少的材料构建更大的空间,属于绿色结构体系。

图 3-21   哈尔滨会展中心

图 3-22   江宁体育场

3.2.1　预应力钢结构建筑的特点

预应力钢结构建筑(PSS)从诞生到现在已经有 60 多年的历史。在 20 世纪 50 年代,由于材料匮乏、资金短缺,要求建筑尽可能节约成本,降低用钢量,于是出现了在传统钢结构中引入预应力的预应力钢结构科学。随着科技的进步、工业的发达,20 世纪末期在涌现大量的新材料、新技术、新理论的推动下,预应力钢结构得到迅速发展,在 PSS 领域中产生了一批张拉结构体系,它们受力合理、节约材料、形式多样、造型新颖、应用广泛,成为建筑领域中最新成就。特别是在大跨度钢结构如网格结构(网架、网壳)、索杆张拉结构、立体桁架中引入现代预应力技术,形成的预应力大跨度空间钢结构体系已成为人们实现建筑大跨度及超大跨度的主要结构形式。

预应力钢结构的特点是增设了预应力杆件。由于施加预应力的过程是将部分由普通钢杆件承担的内力转移到预应力杆件中去,因此这些预应力杆件必须采用强度较高的钢材,才能取得经济效果。预应力钢结构的实质是以高强度钢材取代某些普通钢材,是混合钢结构。但是在结构中使用两种不同强度的钢材时,一般情况下,高强度钢材的强度不能充分利用,唯有采用预应力的方法,其强度才能得到充分利用。由此可见,预应力的机制不是降低总荷载强度、改变其作用状态或加固结构本身,而是利用内力的改变及转移提高结构的总承载力及刚度。

预应力钢结构技术的基本思想是:采用人为的方法在结构或构件内,利用预应力技术引入与荷载效应相反的预应力,从而改变杆件受载前的应力场,扩大材料的弹性受力范围,以提高结构承载能力(延伸材料强度的幅度),改善结构受力状态(调整内力峰值),增大刚度(施加初始位移,扩大结构允许位移范围),达到节约材料、降低造价的目的。预应力杆件理论上承受 2 倍的外力作用,从而使外力引起的应力提高 2 倍,使强度提高 1 倍(见图 3-23)。此外,预应力还具有提高结构稳定性、抗震性,改善结构疲劳强度,改进材料低温、抗蚀等各种特性的作用。理论和实践表明,预应力钢结构具有节约钢材、减轻自重等优点。一般情况下,可比普通钢结构省钢 20% ~ 25%,但制造和施工比较费工。

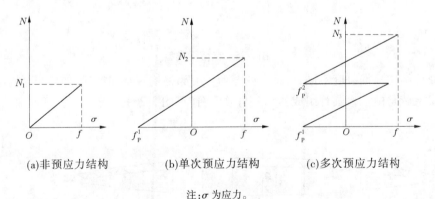

(a)非预应力结构　　　　(b)单次预应力结构　　　　(c)多次预应力结构

注:σ 为应力。

图 3-23　结构承载力比较

当结构或构件中某部分得到了与外力作用方向相反的预应力时,则另一部分必定得到与外力作用方向相同的预应力,因而利用此方法来提高结构或构件的承载力。只有当结构或构件的某些部分能抵抗更高的内力时才有可能,这就导致在预应力钢结构中必须采用部分高强度钢材来做构件。

预应力钢结构不仅改变了传统钢结构中的内力分配,而且改变了传统钢结构的组成,从而出现了大量与传统结构完全不同的建筑造型、内力分析、制造工艺、施工技术等。PSS 张拉体系几乎覆盖了大跨度结构的整个领域,可以说 21 世纪的大跨度建筑物将是预应力张拉结构体系的世界。

从结构体系和形态上分,预应力钢结构大致可分为预应力钢结构平面体系和预应力钢结构空间体系两种。

3.2.1.1 预应力钢结构平面体系

平面预应力钢结构是空间预应力钢结构体系的基础,目前在大跨度钢结构中仍然广泛应用,其结构类型主要有以下几种形式。

1. 张弦梁结构

张弦梁结构的概念由日本大学 M. Saitoh 教授在 20 世纪 80 年代初首先提出,它得名于"弦通过撑杆对梁进行张拉"这一基本形式(见图 3-24)。这种结构是 PSS 的初始形式,上下弦由刚柔两类杆件通过撑杆相连,具有受力合理、自重轻、加工运输方便等优点。

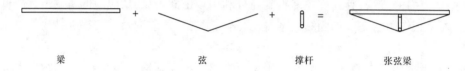

图 3-24　张弦梁结构

张弦梁结构按梁的类型不同可分为张弦直梁和张弦拱两种类型(见图 3-25)。

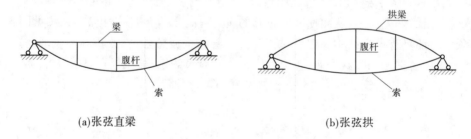

(a)张弦直梁　　　　　　　　　　　　(b)张弦拱

图 3-25　张弦梁类型

张弦梁结构根据跨度不同,可将上弦截面扩大为格构式空间形式,如广州会展中心屋盖的张弦梁上弦是由三根圆管组成的倒三角形截面(见图 3-26)。

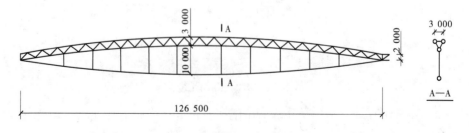

图 3-26　广州会展中心张拉立体桁架结构　(单位:mm)

张弦梁结构主要有以下特点：

（1）张弦梁由下弦索、上弦梁和竖腹杆组成，索为受拉、杆为受压的二力杆，上弦梁为压弯杆件。

（2）通过拉索的张拉力，竖腹杆产生向上的分力，导致上弦梁产生与外荷载作用相反的内力和变形，以形成整个张弦梁结构及提高结构刚度，通常情况下下弦索为一向下的圆弧线（实际上为折线多边形）。

（3）屋面应设置支撑体系以保证平面外的稳定性。

（4）宜采用多阶段设计，分析计算时应考虑几何非线性影响。

（5）在支座处宜采取必要的暂时或永久的构造措施，在预应力及外荷载（自重等屋面荷载）作用下形成自平衡体系，不产生水平推力。

2. 斜拉吊挂结构

如将下弦索上移，使其部分或全部位于梁之上，再增加柱及撑杆，则张弦梁就会从一个自平衡构件演变成一种结构体系——斜拉吊挂结构。斜拉吊挂结构的几种形式见图 3-27 ~ 图 3-32。

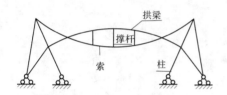

图 3-27　中山大学风雨球场

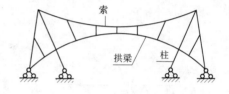

图 3-28　不来梅港货棚

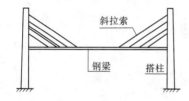

图 3-29　北京奥林匹克中心游泳馆

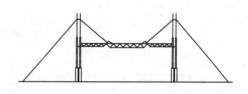

图 3-30　意大利佩西亚花卉市场

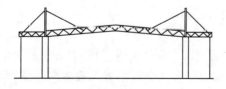

图 3-31　呼和浩特民航机库

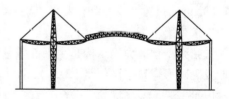

图 3-32　布鲁塞尔世界博览会苏联展馆

斜拉吊挂结构由梁、柱、拉索和撑杆组成。梁可以是直梁或拱，可采用实腹式或空间桁架式截面。斜拉吊挂结构主要有以下特点：

（1）拉索对梁提供弹性支撑，使结构能实现更大跨度。

（2）通过张拉拉索，使结构起拱，可抵消部分使用荷载产生的挠度，减小结构变形，但拉索的预应力值应保证结构在各种可能的荷载作用下拉索不失效。

(3)屋面应设置支撑体系以保证斜拉吊挂结构平面外的稳定性。

(4)拉索的布置及预应力的取值在满足结构刚度情况下,尽可能降低对柱产生的轴力及附加弯矩。

3.2.1.2　预应力钢结构空间体系

预应力钢结构空间体系可概括为以下四类。

1. 网格型

在传统的空间钢结构体系网格结构上采用预应力技术。例如,在平板网架或网壳中引入预应力以改善杆件内力峰值、提高刚度与承载力。这种结构通常施加预应力的方案有两种:一种是在网架的下弦平面下设置预应力索(见图3-33(a)),也可以在网壳的周边设置预应力索(见图3-33(b)),通过张拉预应力索建立与外荷载作用反向的内力和挠度;另一种是通过网格结构支座高差强行调整就位(通常为盆式搁置就位,在使用阶段达到支座最终反力趋于均匀化),使网格结构建立预应力(见图3-33(c))。1984年建成的天津宁河体育馆采用强迫支座位移法引入预应力,降低内力峰值15%。1994年建成的攀枝花体育馆采用了多次预应力技术。

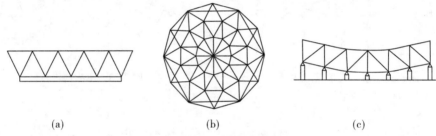

$\qquad$ (a) $\qquad\qquad\qquad$ (b) $\qquad\qquad\qquad$ (c)

图3-33　网格结构的预应力方案

网格型结构有以下特点:

(1)采用高强度预应力钢索作为网格结构的主要受力构件,以降低材料耗量。通过调整预应力值来提高结构刚度,减小结构的挠度。

(2)可采用多次分批施加预应力及加荷的原则(多阶段设计原则),使构件反复受力,并在使用荷载下达到最佳内力状态。

(3)可通过改变支座就位高差,调整结构内力分布。

2. 张弦梁型

张弦梁型预应力钢结构是由平面张弦梁发展而成的空间体系,通过正交布置覆盖矩形、圆形或椭圆形建筑平面(见图3-34),也可将数榀张弦梁多向交叉布置形成多向张弦梁结构体系(见图3-35)。

对圆形建筑平面可采用辐射式张弦梁结构体系(见图3-36)或张弦穹顶结构体系。张弦穹顶是由单层钢网壳及预应力拉索通过撑杆进行支承的结构体系。

北京回龙观超市是亚洲最大的超级市场,建筑面积约6万 m^2。主体结构为框架结构,总层数为4层,其中地下为1层,地上为3层,屋面局部为预应力索拱结构,平面尺寸为48 m×48 m。结构由4个小索拱组成空间张弦梁结构,四周设置封闭钢梁,解决了张弦梁产生的水平推力问题,使整个屋盖形成一个自平衡体系。屋顶结构平面图如图3-37所示,屋

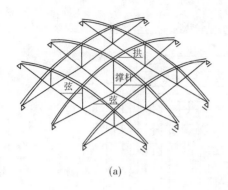
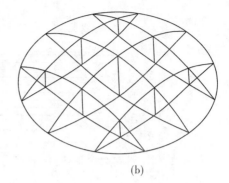

(a)　　　　　　　　　　　　　　　　(b)

图 3-34　多向张弦梁结构体系(一)

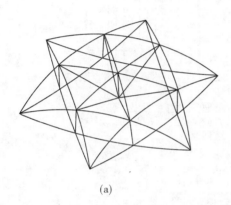
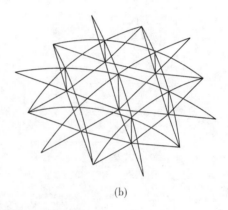

(a)　　　　　　　　　　　　　　　　(b)

图 3-35　多向张弦梁结构体系(二)

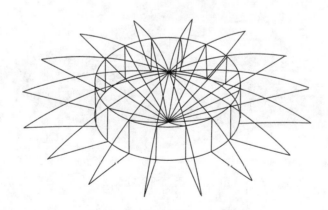

图 3-36　辐射式张弦梁结构体系

顶平面效果图如图 3-38 所示,张弦梁示意见图 3-39。

3. 吊挂型

吊挂型结构由三部分组成:支承吊索的主承重结构、竖向或斜向吊索系及屋盖结构。主承重结构多采用立柱、门架或拱架。屋盖结构多采用网架、网壳,也有用索网或索膜结构的。这类结构造型各异、风格独特,如伯明翰国家工程中心展厅、慕尼黑奥林匹克公园溜冰馆、北

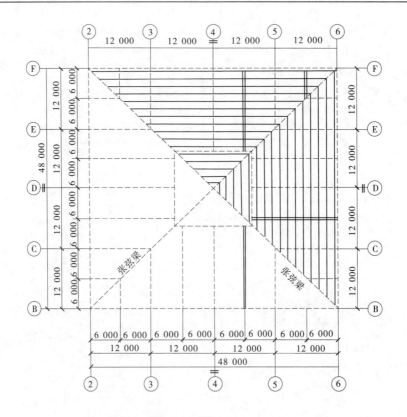

图 3-37　屋顶结构平面图

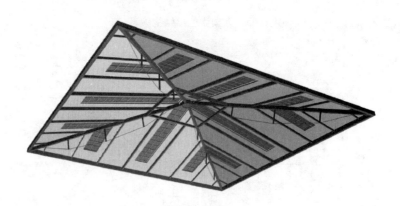

图 3-38　屋顶平面效果图

京朝阳体育馆及蒙特利尔奥运会大体育场(见图 3-40)等。

吊挂型结构有以下特点:

(1)吊挂型结构通常由塔柱、拉索、网格结构三部分组成。在风荷载控制的设计中,还需要设置施加一定预应力的稳定索。

(2)通过张拉拉索,建立预加内力和反拱挠度,可抵消部分外荷载作用下的结构内力和挠度,充分发挥钢拉索的高强度,降低钢材用量。

(3)拉索的倾角不宜太小,一般也不宜大于 25°,否则拉索不能发挥作用。

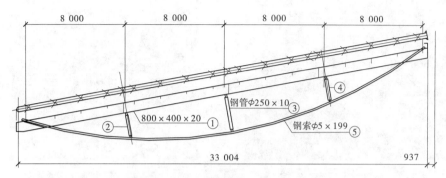

图 3-39　张弦梁示意　（单位：mm）

图 3-40　蒙特利尔奥运会大体育场

4.整体张拉型

整体张拉型是由一组不连续的受压构件与一套连续的受拉单元组成的自支承、自应力的空间铰接网格结构。这种结构的刚度由受拉索和受压单元之间的平衡预应力提供。在施加预应力之前,结构几乎没有刚度,并且初始预应力值对结构的外形和结构刚度的大小起着决定性的作用。

已建成的结构物有外平衡式和内平衡式两种。早期的有慕尼黑奥运会主赛馆(见图 3-41),是外平衡体系。外平衡体系主要由压杆直接传力于地基,视压杆的数量、位置、荷载大小确定其高度。压杆群支撑索系或索网屋盖,屋盖外缘由侧立柱及斜拉索锚固于地面,呈不规则波浪形。1988 年,兴建的直径为 119.8 m 的汉城奥运会主赛馆(见图 3-42)及击剑馆为整体张拉索穹顶屋盖,属内平衡体系。内平衡体系由短小压杆群及穿越压杆两端的各种索系构成屋盖,索系间的不平衡力均锚固于刚性外环。屋面荷载通过外环传于基础。除受压外环外,屋盖其他杆件皆为轴向拉、压杆件,几乎是理想的结构形式。

整体张拉型结构有以下特点:

(1)绝大部分受力构件可设计成受拉的索,截面受力均匀,可充分发挥钢索的高强度性能。

(2)受拉构件(索)是最稳定的,无失稳问题,同时也不必考虑弯矩、扭矩和剪力等问题。因此,可以利用较少的材料跨越和覆盖很大的空间,结构自重也大大减轻。结构自重的减轻对结构抗震,特别是竖向抗震极为有利。

图 3-41　慕尼黑奥运会主赛馆

图 3-42　汉城奥运会主赛馆

（3）因压杆数量少、长度小，截面选用时容易满足其稳定条件。

（4）可以通过调节预内力来改变结构的刚度，不必改变构件的几何尺寸。

由于整体张拉型结构比较复杂，目前该体系还存在着计算分析难度较高、预应力施加难度大、成型过程不易控制、预应力损失影响严重等不利因素。

3.2.2　预应力钢结构施工

预应力钢结构主要形式之一的弦支穹顶结构，是日本法政大学川口卫教授在综合单层网壳和索穹顶优点的基础上提出的一种新型预应力大跨度空间结构。因其高效的结构性能和优美的建筑效果，20 世纪 90 年代弦支穹顶概念一经提出，就在工程中得到应用（见图 3-43）。日本在东京建成的世界上第一个弦支穹顶结构——光丘穹顶（见图 3-44），网壳结构形式采用球面、联方形网格，跨度为 35 m。济南奥体中心体育馆（见图 3-45）也为弦支穹顶结构，采用球面、凯威特 - 联方型网格，跨度 122 m。

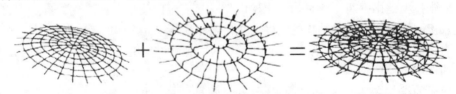

图 3-43　弦支穹顶组成

图 3-44　光丘穹顶

图 3-45　济南奥体中心体育馆

伴随着自然环境的变化，社会活动和生产空间的拓展，需要能隔断外部环境且能调控内部环境的超大封闭空间，造型上也要求更加丰富。面对这样的发展趋势，单一的传统弦支穹顶结构难以满足需求,因此弦支穹顶概念不断得到延伸,形式也越来越多样化,形成以主体为网格,以顶部增设弦支索系的巨型网格－弦支索系组合钢结构体系。巨型网格－弦支索系组合钢结构是由弦支索系与拱架、立体桁架、网壳等多重组合共同作为受力结构而形成的跨度超过 150 m 的组合钢结构体系。屋盖的水平投影形状不必限于圆形,可根据建筑功能和外观的要求,选取合适的曲面,弦支索系也不必拘泥于常规方式。该结构体系充分发挥了网格和弦支索系的综合优势,能构建超大跨度的封闭空间;在提高结构跨越能力的同时,具有良好的结构刚度和稳定性。

弦支穹顶结构的基本思想是用刚性网壳替代索穹顶的柔性脊索网,从而由上部网壳和下部索杆系构成了一种空间组合结构,其中索杆系包括撑杆、斜索和环索。弦支穹顶为预应力自平衡结构,与网格结构相比,具有整体稳定性好、自重轻、支座推力小、跨越能力强等优点,因而在国内多个大型场馆屋盖结构中得到了应用。现单一结构最大跨度为大连体育馆,达到 154.4 m。

弦支穹顶常规施工安装方法为满堂支架法,即在上部网格的下方搭设满堂支架作为上部网壳和下部索杆系高空组装的操作平台,并承受构件自重和施工荷载,如济南奥体中心体育馆、常州市体育馆和北京工业大学体育馆等弦支穹顶结构。该方法传统、简单,但是满堂支架的重量往往超过了弦支穹顶结构自身重量,施工措施费高、工期长,盘卷的拉索吊至高空支架上对吊机性能要求较高且拉索展开困难,满堂高支模长时间占用地面空间,且自身也存在较大的安全风险。

弦索系的环索提升有以下几种类型:

(1)环索(不带索夹)提升,撑杆、撑杆下端节点及斜拉杆高空安装。环索(不带索夹)提升示意如图 3-46 所示。

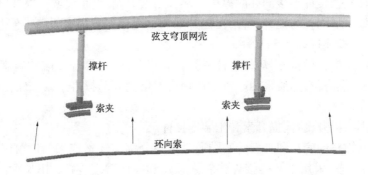

图 3-46　环索(不带索夹)提升示意

(2)环索(带索夹)提升,撑杆与索夹高空对位焊接,斜拉杆高空安装。环索(带索夹)提升示意如图 3-47 所示。

(3)环索、撑杆(环索、索夹与撑杆底端地面焊接)提升,斜拉杆高空安装。环索、索夹、撑杆提升示意如图 3-48 所示。

针对上述环索提升类型,为减少施工支架量、方便索杆系的组装、降低安装成本、缩短工期和提高施工效率,提出了一种弦支穹顶索杆系逐环提升的安装方法。该安装方法包括以下步骤:

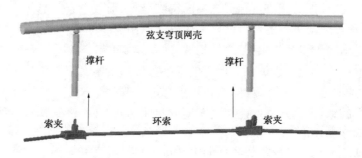

图 3-47　环索(带索夹)提升示意

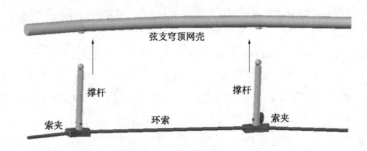

图 3-48　环索、索夹、撑杆提升示意

第一步,安装上部网壳的支撑塔架,并将上部网壳分块吊装至支撑塔架上,进行组拼,形成上部网壳整体;上部网壳上设有连接节点。

第二步,制作拉索并运至施工现场,逐环在投影地面上展开环索,安装索夹、撑杆和斜索,然后采用工装连接件连接同环的撑杆上端和斜索上端,组装成索杆提升单元。

第三步,以上部网壳为提升平台,在提升平台上逐环布置提升设备,通过提升索将提升设备与撑杆的上端连接。

第四步,利用提升设备,逐环将索杆提升单元提升,使得撑杆上端和斜索上端分别与上层网壳的连接节点对位,然后采用球铰或销轴将上层网壳与撑杆上端及上层网壳和斜索上端连接。

第五步,拆除提升设备、提升索和工装连接件。

第二步中,撑杆的底端和斜索的底端通过索夹分别与环索连接,且撑杆处于垂直状态,斜索处于倾斜状态,采用工装连接件将斜索顶端和撑杆顶端连接,相邻两个撑杆的顶端连接,相邻两个斜索的顶端连接。

第二步中的工装连接件是指工装系杆或者工装系索。按照索力条件下的制作长度,制作拉索,并进行预张拉,以消除非弹性变形。然后在拉索表面标记索夹位置,在索头调节装置上标记与制作长度相对应的调节位置,在拉索的索体上标记一条直标线;在地面组装索杆提升单元时,拉索沿索体表面上的直标线平顺展开,使索体不扭转,索夹按照索体表面的索夹标记和直标线进行安装,根据索长制作误差和周边节点安装误差,通过索头调节装置调整拉索的索长;索杆提升单元地面展开组装位置为索杆系在上部网壳上的设计位置在地面上的投影位置。

我国国家大剧院外部为钢结构壳体,呈半椭球形,平面投影东西方向长轴长度为

212.20 m，南北方向短轴长度为 143.64 m，建筑物高度为 46.285 m；而绍兴金沙·东方山水国际商务休闲中心项目体量很大，A、B、C、D、E、F 馆作为一个整体，总体直径超过 300 m，其中 C 馆长轴 229.0 m，短轴 138.4 m，高度 30 m；E 馆长轴 171.8 m，短轴 115 m，高度 52.8 m。6 个馆中，A、F、B 馆完全连在一起，C、E 馆完全连在一起，其他相邻各区以室外空中连廊相互连接，使 6 个馆成为一体。

绍兴金沙·东方山水国际商务休闲中心 C 馆屋盖结构借鉴了网络结构的概念，采用"主骨架＋次结构"的新型网格－弦支索系组合钢结构形式。网格主骨架由 16 道辐射状布置的拱形径向主桁架和 1 道中央刚性闭合环桁架组成；网格次结构由 11 道沿全周布置的环梁和径向桁架间的联方形网格构成；中央采用弦支索系的肋环形弦支穹顶结构。外围网格与中央弦支索系共同组成网格－弦支索系组合钢结构。该结构形式受力合理、传力清晰，结构分布主次分明、造型优美，用钢量相对较少，具备构建超大跨度空间结构的有利条件和良好的应用前景。

绍兴金沙·东方山水国际商务休闲中心 A、B、C 三馆钢结构主体部分结构形式类似，都为钢桁架弦支穹顶组合网壳结构，即结构外围区域为钢桁架组合网壳，而中心区域为弦支穹顶，结构概况见表 3-1。

表 3-1　绍兴金沙·东方山水国际商务休闲中心 A、B、C 三馆弦支穹顶结构概况

场馆	钢结构主体(m)		中心弦支穹顶(m)		索杆系环数	索杆系肋数	中心点标高(m)
	长轴	短轴	长轴	短轴			
A	120	60	72	36	3	10	17
B	124	72	83	48	4	10	17
C	227	136	64	44	3	16	29

弦支穹顶索杆系逐环提升安装以 C 馆为例，进行说明。

C 馆上部弦支穹顶呈椭圆形分布，长轴 64 m，短轴约 44 m，矢高 0.48 m，安装高度 28.5～29 m，共 3 环，每环由环向高钒索、径向钢拉杆及竖向撑杆组成，上下、左右双向对称。提升安装施工工艺如下：

（1）利用现有的临时支撑胎架；

（2）在地面上依次由外向内组装每一环的撑杆、钢拉杆及拉索；

（3）依次由外环向内环通过 16 个主牵引点、16 个辅助牵引点由穿心式液压千斤顶整体牵引提升各环撑杆、钢拉杆及拉索并安装就位，如图 3-49～图 3-54 所示。

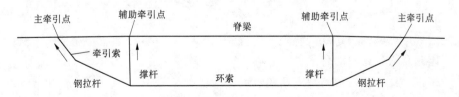

图 3-49　牵引提升示意(1)

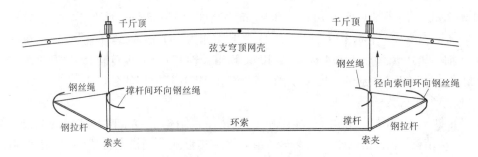

图 3-50　牵引提升示意(2)

图 3-51　整环索杆系在地面组装

图 3-52　整环索杆系提升过程

图 3-53　索杆系与上部钢结构连接

图 3-54　绍兴金沙·东方山水
国际商务休闲中心立面图

复习思考题

1. 简述模块化钢结构建筑的特点。

2. 简述预应力钢结构的特点。

3. 简述张弦梁型钢结构的特点及其承载特点。

4. 预应力钢结构空间体系有哪些类型？简述其承载情况。

5. 简述吊挂型结构的特点。

6. 简述预应力混合结构的特点。

第4章 竹木结构与混合结构建筑

4.1 现代竹结构建筑

4.1.1 竹结构建筑概述

天然原生竹材主要分布在北纬 46°至南纬 47°之间的热带、亚热带和暖温带地区。其在生物学上与稻米、小麦等同属于禾本科植物。我国的竹林种类、竹子面积居世界前列,是世界上最大的产竹国之一,占据了世界竹林资源的 1/5 ～ 1/4,在湖南、江西、福建、云南和四川等地都分布有大量不同种类的竹子。竹材很早就被用作建筑材料,我国著名的五大古桥之一的安澜桥(见图 4-1)就是一座竹藤桥;原竹作为脚手架使用已经有较长的历史,并且在我国香港地区,目前为止还较为普遍地使用(见图 4-2)。相比较钢脚手架,竹脚手架的抗风能力较好,但搭建、拆卸不如钢脚手架方便。

图 4-1 安澜桥

图 4-2 竹脚手架

竹材作为建筑材料使用有以下特点:

(1)竹材在许多国家资源丰富,尤其是在一些发展中国家,如中国、巴西、哥伦比亚、印度、尼泊尔等。竹子生长速度比树更快,通常竹子生长约 4 年就应当砍伐,并且可以再生。竹材替代部分木材应用于建筑,可以减少森林资源的过分消耗,保护环境。对我国而言,其还有改善木材进出口逆差的意义。

(2)竹子具有良好的力学性能,并且加工方便。

(3)竹材的加工制造过程对环境产生的不良影响小,基本没有污染,在使用后还可以回收并再次利用,是一种绿色建材。

原竹在其生长方向上具有较好的抗拉力及抗压力,可以直接作为梁、柱、椽等承重构件用于房屋建筑中,这类建筑在我国少数民族地区比较常见,如云南西双版纳的傣族竹楼。在东南亚和拉丁美洲等一些国家,这类原竹房屋也较为普遍地得到了应用,并与当地特殊的自然人文环境、建筑学结合,取得了较好的效果。

在中华人民共和国成立初期,因为不能有效利用东北与西南的木材资源,提出过"以竹代木"。以竹屋架取代承重木屋架,是当时原竹利用的一种主要形式。传统的绑扎竹屋架由于承重较小、需经常维修、节点强度取决于工人技术等问题,大多只用作临时建筑。陈肇元介绍了几种可用于使用年限较长的房屋结构中的新型竹屋架,并就竹屋架设计、试验、连接等方面的问题进行了详细分析研究,它是我国较早的以现代工程理论研究原竹结构的学术成果。与钢结构、木结构类似,原竹建筑中,最重要的也是连接点的设计。

4.1.2 现代竹结构建筑的特点

天然的竹子由于几何形状的不规则,强度、刚度分布不均等,并不能作为装配式建筑材料而广泛应用,因此只有将原竹进行再次加工,才能够达到现代工程建筑材料的需求。现代竹结构建筑体系是在现代材料学、力学和试验学、可靠度理论等基本理论的前提下,对天然竹子进行一系列机械、化学加工形成各种结构构件,利用现代结构设计理念、施工方法和维护技术将竹材构件拼装安装而成的一种新型结构体系。与现有的混凝土结构、砌体结构、钢结构及其组合结构建筑相比,竹结构建筑具有如下特点:

(1)现代竹结构所用的主要材料为竹胶合板,而在我国竹材资源丰富,生长周期短,所以竹结构具有原料来源广泛、造价低廉的优点。

(2)竹结构建筑具有良好的抗震性能和耐久性能。由于质量轻、弹性好、强度高,竹结构的抗震性能非常突出;经过适当处理的竹材使用寿命可达 30 年之久,而且,竹材种类的精心选择、防腐处理、辅助材料的使用及老化或损坏部分的定期更换等都能增加竹结构的耐用性。

(3)现代竹结构建筑或桥梁具有设计简洁美观,施工方便快捷,能够适应工业化生产的需要,易于形成工程标准等优点。竹结构建筑只需很短的时间即可安装完成,这种效率对自然灾害救助、快速减少伤亡或恢复灾区人民生活非常重要,同时,较短的施工周期,可以为开发商提供最快的资金回笼时间。

(4)环保效益高也是竹结构建筑的重要特点之一,竹材是绿色材料,其生产过程环保,无污染,符合可持续发展的要求,竹结构建筑是一种绿色建筑。

目前,国内外关于现代竹结构建筑的研究和应用较少,竹结构研究具有较高的理论意义和工程价值。

装配式竹结构建筑是以竹胶合板为结构主材,木材为辅材,制成竹材墙体、屋面和屋架、连接柱和连系梁,各构件在工厂生产,然后在施工现场按照建筑模数,采用螺栓连接为主、钉连为辅,组合成为竹结构房屋主体结构,最后铺设防水层和安装门窗。装配式竹结构建筑的主要材料为竹材,是可再生的天然环保材料,同时,竹结构建筑具有工艺简单、施工简便、可拆装重复使用、抗震性能好、保温隔热性能良好、防火性能好、室内空气质量符合要求、造价低廉等优点,是一种绿色环保、节约能源和资源的新型建筑。

以下介绍湖南大学现代竹木及组合结构研究所针对我国四川省"5·12"地震之后,灾区需要大量的过渡安置房而研制的装配式竹结构建筑。该研究所分别于 2008 年 6 月和 11 月为四川省广元市南鹰小学、新民小学等建造了四十几套装配式竹结构建筑(见图 4-3),作为灾区的教室和办公室使用。该研究所还在湖南大学内建了一间装配式竹结构建筑作为试验用,对建筑的屋架力学性能、抗震、防火、室内空气质量等方面进行了相关试验和测试。

(a)施工中的竹结构安置房

(b)竣工后的竹结构安置房

(c)施工中的竹结构安置教室

(d)竣工后的竹结构安置教室

图 4-3　装配式竹结构试验建筑

　　轻型竹结构是利用均匀的规格材来承受房屋各种平面和空间作用的受力体系。轻型竹结构亦称平台式骨架结构,这种建造方法的主要优势在于:结构简单和容易建造,楼盖和墙体分开建造,因此已建成的楼盖可以作为上部墙体施工时的工作平台。通常墙体中的竹骨架可以在工作平台上拼装,然后人工抬起就位。竹骨架墙体也可以在其他地方预先拼装好,再搬运到施工现场安装就位。在平台式骨架结构中,墙体的竹构架由顶梁板(双层或单层)、墙骨柱与底梁板组成。竹构件可以为墙面板与内装饰板提供支撑。同时,也可以作为挡火构件以阻止火焰在墙体中的蔓延。

4.1.3　装配式竹结构建筑的构件

4.1.3.1　连接柱

　　连接柱是由竹胶合板加工而成的,它用来连接两个墙体单元,用螺栓沿柱高度进行三点连接。此外,对于竹材柱,除上述的连接柱做法外,装配式竹材建筑中所用柱还可以采用另外两种形式,即空心截面竹材柱和胶合实心截面竹材柱(见图4-4)。空心截面竹材柱采用竹胶合板、角钢和螺栓连接而成,可以做成 H 形、箱形等形式。此类竹材柱具有较高的强重比,具有良好的抗压和抗弯性能,柱在长度方向可以根据工程需要,通过槽钢等连接件进行延长。胶合实心截面竹材柱的做法和胶合竹材梁做法相似。这两种竹材柱适用于对结构承载力要求较高的结构中,当然空心截面竹材柱只是在实际工程中有一定的应用,它的相关理论和试验研究工作还有待进一步开展。

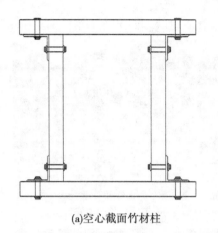

(a)空心截面竹材柱　　　　　　　　(b)胶合实心截面竹材柱

图 4-4　竹材柱

4.1.3.2　连系梁

连系梁用来加强建筑的整体性。该类梁的做法和连接柱的做法一样,是用单块竹胶合板按一定规格切割而成的,它与墙体和连接柱在墙体的顶部的内侧面用螺栓进行连接。无论是连接柱还是连系梁均可以采用两块或两块以上竹胶合板胶合压制成胶合竹材构件,这样可以适应跨度较大或承载力要求较高的建筑。对于胶合竹材构件,因在长度方向受竹材胶合板的标准尺寸限制,所以在长度方向需要进行端部连接,胶合竹材构件在端部主要采用指接(见图 4-5),即加工成指形胶合竹材构件,将指接好的各单块竹胶合板用黏结剂胶合压制而成竹材梁,该类胶合构件的设计重点是指接接缝的设计。指接接缝的技术参数包括接边坡度、指长及指端宽度,目前主要参考胶合木材构件的相关设计参数,并在此基础上做了适当调整。对于胶合指形连接竹材构件,还可以在压制好的竹材构件上穿一定数量的螺栓,用于加强组成梁的各块板材之间的连接(见图 4-6)。该竹材构件具有良好的力学性能,可以很好地满足轻型房屋的受力要求,按此加工的构件也被用于屋架的上下弦杆。

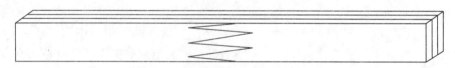

图 4-5　指接胶合竹材的结构示意

图 4-6　指接节点

胶合竹材梁是采用两层或两层以上的竹胶合板叠层胶合压制在一起形成的构件,胶合竹材构件的加工工艺与胶合木构件类似,但由于竹胶合板的硬度较高,所以对指接机械的要求较高,加工基本步骤如下:

(1)按照设计要求切割好各单块竹胶合板(见图 4-7(a));

(2)将切割好的竹胶合板进行指接加工接长,并进行指接接口的养护,竹胶合板指接接长后形成单板；

（3）将单板的宽面刨光，并立即涂胶（见图 4-7（b））；

（4）将涂胶后的单板按构件的形状叠合在一起，并通过加压及养护，形成胶合竹构件的毛截面和外形（见图 4-7（c））；

（5）当胶层达到规定的固化强度后，对初步形成的构件进行锯除棱角、刨光和砂光等处理，使构件表面达到设计要求的光洁度；

（6）根据需要，对构件进行最后的加工，如钻孔或安装连接件等。

(a)板材切割 　　　　　　(b)板材涂胶 　　　　　　(c)压制成型

图 4-7　胶合竹材梁的加工

4.1.3.3　板块单元

对于装配式竹材建筑，可将其墙体和屋面视为一种板块单元进行设计和加工。所谓板块单元，是指以竹胶合板的标准尺寸（长 × 宽 = 2 440 mm × 1 220 mm）作为标准，采用竹方（竹胶合板按一定规格切割而成）或木方作为板块单元的骨架，竹胶合板作为板块单元的外面板，石膏板或竹胶合板或其他轻质板材作为板块单元的内面板，内外面板之间填充保温材料或隔音材料加工而成的板块。最终加工完毕的板块单元的尺寸以长 × 宽 × 厚 = 2 440 mm × 1 220 mm × t（t 为板块的厚度）为主。竹骨架板块单元主要由竹骨架承受自身的竖向和各种水平荷载，通过连接点的连接件将荷载传递到主体结构。

竹骨架板块单元的规格统一，加工简单，便于批量生产和运输，布置灵活机动，可以根据使用的具体需要布置墙体。此外，竹骨架板块单元具有质量轻、强度高的特点，具有良好的延性，有利于提高房屋的抗震性能。

板块单元主要由竹骨架、外面板、内面板、保温材料、隔音材料和连接件组成（见图 4-8）。骨架主要是用 28 mm 厚的竹胶合板制作，可以采用单层竹胶合板切割而成，当对结构要求较高或墙体的高度超过单块竹胶合板的长度时，骨架采用胶合竹构件，即采用两块或两块以上竹胶合板进行胶合压制而成，此处的胶合竹材构件和胶合竹材梁做法相似。板块用作墙体时，骨架宜竖直布置；用作屋面板时，宜纵横向双向布置。骨架的间距不宜大于 1 220 mm，宜采用 305 mm、610 mm、1 220 mm 三种常用间距，当墙体的设计必须采用其他尺寸的间距时，应尽量减少因尺寸改变对整个板块的施工和制作带来的不利影响。当板块上需要开门窗洞口时，应在洞口边缘设置边框（见图 4-9）。骨架与骨架之间采用直钉进行连接，钉的直径不得小于 3 mm，每个连接点不得少于两颗钉，钉的长度需要根据骨架的尺寸来定。板块内可以填充的保温和隔音材料主要有岩棉、矿棉和玻璃棉三种，这些材料的导热系数小，保温隔热性能优良，具有较高的孔隙率和较小的表观密度，有利于减轻墙体的自重，减小结构荷载；具有较低的吸湿性，防潮、热工性能稳定；造价低廉，成型和使用方便；无腐蚀

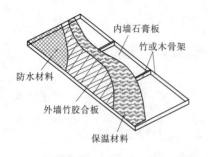

(a)板块单元的结构示意

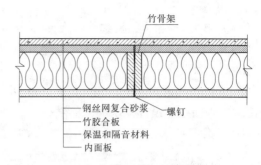

(b)板块单元的构成示意

图4-8　板块单元结构示意

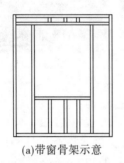

(a)带窗骨架示意　　　　　　　　　　(b)带门骨架示意

图4-9　带洞口板块单元的骨架示意

性,对人体健康无害。所以,竹骨架板块单元中主要填充以上三种保温和隔音材料。板块的外面板主要采用厚度为8~10 mm的竹胶合板,内面板采用石膏板或竹胶合板或其他轻质板材。面板可以竖向或水平方向布置并和竹骨架钉连,连接需要满足《木结构设计标准》(GB 50005—2017)的要求。墙体的外面通常采用外挂钢丝网,刷水泥砂浆做防水处理,对于屋顶可采用防水卷材,覆盖在屋面板块单元的顶面做防水处理。

板块单元是装配式竹结构房屋中的主要构件之一,它关系到整个结构的安全和使用,应满足相应的功能要求,具体如下:

(1)建筑模数要求:主要是根据建筑设计要求和竹胶合板标准尺寸来设计板块单元的规格。

(2)承载能力要求:板块单元用作墙体时,除承受自身的竖向荷载外,还要承受风荷载、地震作用;用作屋面板时,除承受自身的竖向荷载外,还要承受屋面活荷载、上人荷载等。因此,板块应具有足够的承载能力,以保证房屋的安全使用。

(3)防火功能:根据防火要求,板块应该具有相应的防火等级,防止火灾的蔓延。

(4)隔音功能:为了使室内达到安静的环境,墙体应具有规定的隔音功能。

(5)保温隔热功能:保温隔热是板块单元的一个重要功能,保温隔热功能好也是该板块单元的一个重要特点之一,能满足不同地区保温隔热的要求,并且保温隔热功能也是设计墙体厚度的最主要因素。

(6)防潮功能:主要是防止水蒸气对骨架和板块内部填充材料的侵蚀。

(7)防风和防雨功能:除板块的骨架具有承受风荷载的能力外,墙体的面板还应具有足够的强度,以便将风荷载传递到骨架上。防雨主要是防止雨水对面板的侵蚀,以及防止雨水通过缝隙进入墙体的内部。

(8)密封功能:主要是防止室内、室外的空气通过连接缝隙相互流通,影响保温隔热的效能。

板块单元设计的基本步骤如下:

(1)根据使用功能要求,按国家相关规范要求,选定板块单元的隔音级别、保温隔热级别和耐火等级。

(2)根据房屋建筑功能要求确定门、窗尺寸和位置。

(3)根据上述两项要求,确定骨架尺寸、墙体厚度及墙体构造,并根据《建筑结构荷载规范》(GB 50009—2012)和《木结构设计标准》(GB 50005—2017)对构件的强度和刚度进行核算,对材料的尺寸进行调整。

(4)设计板块和主体结构的连接方式。

(5)设计抗风、抗震、防雨、防潮及密封等构造措施。

(6)设计特殊部位结构形式,如转角墙体之间的连接等。

4.1.3.4　屋架

屋架一般为平面桁架,它承受作用于屋盖结构平面内的荷载,并把这些荷载传递至下部结构(如墙或柱子),是建筑的重要受力构件之一。以双坡屋顶为例,屋架的上弦杆和下弦杆及腹杆均是采用单块竹胶合板(28 mm 厚)按一定规格切割加工而成的,这种竹材弦杆因为竹胶合板标准尺寸的限制,需要进行端部连接才能满足弦杆长度要求。弦杆端部接长是用单块竹胶合板作为拼接板,采用拼接板－螺栓连接,将弦杆在长度方向进行延长。屋架的节点采用螺栓和拼接板－螺栓连接两种方式。待屋架加工完毕后,沿屋架上弦杆的上端的侧面钉木方,主要是为了屋面板和屋架的连接之用。当然,对于跨度较大、承载力要求较高的屋架而言,弦杆通常设计成胶合构件以提高其承载力。当屋架的弦杆采用两层或更多层竹胶合板胶合而成的竹材构件且需要进行端部延长时,可以采用以下两种方式:一种方式是用单块竹胶合板进行端部指接,再用黏结剂将各单块指接好的竹材胶合板进行胶合压制而成(见图 4-10);另一种方式是先用竹胶合板、黏结剂胶合压制成竹材梁,再用单块竹胶合板作为拼接板,用螺栓将梁在长度方向上进行延长。图 4-11 是以胶合竹梁做弦杆的屋架。

(a)竹材屋架　　　　　　　　　　　　　(b)竹材屋架的应用

图 4-10　以单块竹胶合板做弦杆的屋架

三角形竹材屋架是以单块竹胶合板或两块及以上竹胶合板胶合压制成的竹材构件作为弦杆,采用竹胶合板作为连接板,用螺栓进行节点的连接。在屋面竖向荷载作用下,屋架的

(a)胶合竹材屋架　　　　　　　　　　　　　(b)竹材屋架房屋

图 4-11　以胶合竹梁做弦杆的屋架

上弦杆受弯,下弦杆受拉,屋架的节点均当作铰接点,将弦杆当作两端铰结构件进行计算。为了提高屋架的可靠性和减少变形,在下弦杆的中点处设一竖杆,这样可以提高下弦杆的承载力,有利于房屋进行吊顶等装修工作。屋架的间距应根据房屋的使用要求、屋架的承载能力、屋面和吊顶结构的经济合理性及屋面板的规格等因素来确定,一般不超过1 220 mm,以610 mm 和 1 220 mm 为主。

　　屋架的跨度主要是依据房屋的使用要求和竹胶合板及墙体的规格来确定的,当采用单块竹胶合板作为弦杆时,屋架的跨度一般不超过 6 100 mm,而且要符合模数的要求,一般小于等于 4 880 mm(两块竹胶合板的长度)是比较经济合理的跨度;对于胶合梁作为弦杆的屋架,跨度可以比单块竹胶合板作为弦杆的屋架跨度稍大,主要受目前胶合梁的加工机械限制,最大可以做到 10 m。以胶合梁作为弦杆的屋架主要应用在平台式竹结构房屋中。

　　当屋架的弦杆超过单块竹胶合板的长度时,需要进行端部连接才能满足弦杆长度要求,弦杆端部接长是用单块竹胶合板作为拼接板,采用拼接板－螺栓连接,将弦杆在长度方向上进行延长(见图 4-12)。宜尽量减少弦杆的接头,接头处通常采用双块竹胶合板作为拼接板并以螺栓传力,拼接板的宽度宜与弦杆相同,长度不宜小于弦杆宽度的 2 倍,每个接头处的螺栓不少于 6 个,螺栓直径不应小于 8 mm。如果竹拼接板无法满足要求,可以采用钢夹板连接。对承载要求较高的屋架,节点处一般采用钢板－螺栓连接较为方便,且强度较高。对于装配式竹结构活动房,由于设计使用寿命较短,而且所受荷载较小,屋架的节点通常采用竹拼接板－螺栓连接和螺栓连接两种形式。对于屋架上弦之间的连接节点,采用双块竹胶合板作为拼接板,用螺栓连接(见图 4-13);屋架上下弦杆之间直接采用螺栓连接(见图 4-14),螺栓的直径均不得小于 8 mm。设计中,螺栓的规格需要通过计算来确定,主要参考《木结构设计标准》(GB 50005—2017)和《钢结构设计标准》(GB 50017—2017)中关于螺栓连接的相关计算理论。在装配式竹结构房屋中螺栓连接所涉及的螺栓的端距、栓距、边距、线距的构造要求介于钢结构和木结构之间,主要参考木结构和钢结构的相关要求并根据工程经验进行适当调整。

4.1.3.5　装配式竹结构建筑的连接和安装

　　装配式竹结构建筑的一个重要特点是建筑的所有构件均在工厂加工,然后运送到工地进行安装,所有构件之间的连接均采用螺栓、钢连接件或易于拆装的螺钉进行连接。具体安装流程如下:

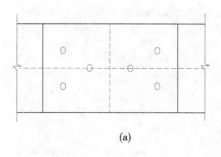
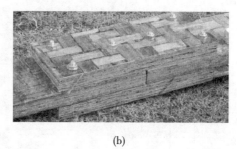

(a)　　　　　　　　　　　　　　　　　(b)

图 4-12　弦杆接头

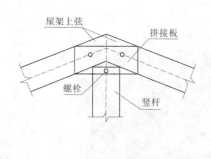

(a)　　　　　　　　　　　　　　　　　(b)

图 4-13　屋架上弦之间连接节点

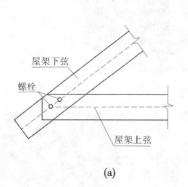
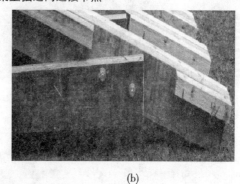

(a)　　　　　　　　　　　　　　　　　(b)

图 4-14　屋架上下弦连接节点

（1）将房屋的各构件按施工图纸要求摆放在基础周围。

（2）用角钢和螺栓从基础的一个角安装纵横向相互垂直的两片墙体（见图 4-15）。

（3）沿着纵横向安装的第一片墙体，用连接柱和螺栓依次安装其他墙体，直至墙体安装完毕，加以临时固定（见图 4-16）。

（4）沿建筑的墙体一周内侧面用螺栓连接连系梁、连接柱和墙体（见图 4-17）。

（5）用木方和螺钉连接墙体、柱和屋架（见图 4-18）。

（6）用螺钉连接屋架和屋面板，撤去第三步的临时固定（见图 4-19）。

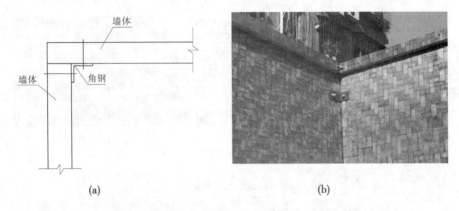

(a)　　　　　　　　　　　　　　　　(b)

图 4-15　转角处两片墙体用角钢连接

图 4-16　用连接柱和螺栓安装墙体

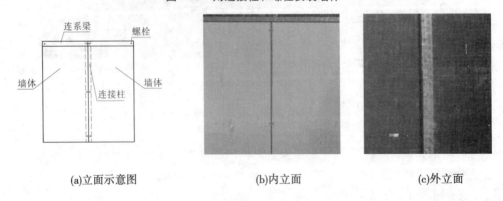

(a)立面示意图　　　　　(b)内立面　　　　　(c)外立面

图 4-17　连系梁与连接柱、墙体的连接

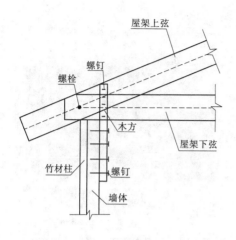

图 4-18　屋架与墙体连接立面示意

图 4-19　屋架与墙体的连接

（7）安装门窗。

（8）刷墙漆，铺设屋面防水材料等。

（9）用角钢或其他钢连接件将基础与连接柱进行连接。

4.2　现代木结构建筑

4.2.1　木结构建筑概述

现代木结构建筑是指以木材及木质复合材料为建筑材料，运用现代技术手段制造而成的具有较高环境学指标、能满足现代人对于健康需求的建筑形式。

木材是最原始的建筑材料。在欧洲，于罗马王政时代（公元前 753 年）之前，罗马拉齐奥地区就出现了欧洲最早的以梁柱结构为主要结构形式的圆木构筑物。后来随着罗马希腊文化的影响，南欧地区逐渐受希腊文明的影响，转而采用砌体结构作为主要的建筑结构形式。其后伴随罗马帝国的兴盛及其工程科学的发展，欧洲各个地区渐渐形成了具有独特风格的砌体结构建筑形式，继而演绎出了各种建筑流派（古典式、哥特式、巴洛克式等），并在意大利文艺复兴之后达至巅峰。位于梵蒂冈的圣伯多禄大殿（Basilica Sancti Petri）代表了欧洲巴西利卡式建筑的最高水平（见图 4-20）。而木结构建筑在南欧地区则相对式微，目前在南欧地区可见的古代木结构建筑极少（见图 4-21），且大多数仅具有观赏用途。

相对于南欧地区而言，木材资源丰富的中欧及北欧地区一直以来在木结构方面具有优势。法国的卢瓦尔河谷地区保存了较多的中世纪时期的木筋墙结构建筑，德国的 Moller 等研究人员奠定了现代木结构关键连接构件的理论分析基础，并对现代木结构从基本连接构件到设计理念在欧洲地区的发展做出了重要贡献；芬兰的工业木材出口量占据了国内 2011 年出口总额的 20%，约 1 132.3 亿欧元，其对木结构在极寒地区的运用具有相对丰富的工程经验，还对冰雪荷载作用下木结构的损伤等进行了抗连续倒塌研究；瑞士等国的研究人员对木结构的可靠度及鲁棒性等进行了较为深入的分析，挪威的 Guilermo 对竹胶合板在现代木结构中的应用进行了可行性研究。总之，木结构建筑在欧洲具有重要的地位，并且其研究的理论水平较高。

图4-20　圣伯多禄大殿

图4-21　罗马美蒂奇别墅的木筋墙结构

北美地区的木结构建筑形制源于欧洲,如美国纽约布鲁克林的 Saitta House 等,但是其在现代木结构的普及程度上,却远胜于欧洲。据 2002 年的统计数据,在美国加利福尼亚州,99% 的住宅类建筑属于木结构,洛杉矶郊区 96% 的建筑属于木结构,田纳西州孟菲斯 89% 的建筑属于木结构,堪萨斯州威奇托 87% 的建筑属于木结构。由此可见,木结构建筑在北美地区毫无疑问地占据了住宅类建筑形式的主流地位。北美地区还是现代轻型木结构体系的主要发源地,自 20 世纪 40 年代以来,逐步建立起轻型木结构体系的设计理论与规范。北美地区的木结构建筑虽然发展历史短,却引领了现代木结构的发展,并在结构设计中兼顾了理论与工程实际,推广效果良好。北美的轻型木结构在历次地震中表现较好,而日本更是在1995 年阪神地震以后,较大规模地推广了北美地区的轻型木结构建筑。除此以外,北美地区还逐步将现代木结构的研究推广到了 7 层左右的中等高度住宅、大跨度结构与大型公共建筑之中,并进行了抗震性能的试验。但是,排除建筑学上的需求,其相应的经济性指标值得商榷。在高层与大跨度结构领域,混凝土与钢结构的经济性指标占优势。而在 4 层以下的民用住宅,现代(竹)木结构则占有相当的优势。

东亚地区的传统木结构建筑具有与欧美不同的形制,其以梁柱式构造形式为主。梁、柱作为主要构造元素,建筑物整体重心集中于屋顶部分,能以相对较少的构件数量创造较大的使用空间。在地震作用下,能够通过斗拱摩擦与柱基础滑移消耗能量。北京紫禁城古代(明清)建筑群,日本奈良古代(唐)建筑群,韩国崇礼门(后火毁,重修)等都是东亚古代木结构建筑的杰出代表,这些建筑在多次高烈度地震中都保持了较好的结构性能。伊东忠太是目前已知最早的以现代建筑学观点系统研究中国古代建筑的学者,他在 1900～1910 年较为系统地考察了中国的古代建筑,确定了中国古代建筑作为东亚地区建筑流派主要发源地的地位,并在 1931 年出版的《东亚建筑史》中总结了自己的研究成果。随后,梁思成、林徽因和刘敦桢等发起组织了营造学社,于 1932～1940 年考察了中国北部和四川一带,发现了中国仅存的唐代建筑实物,在梳理宋代的《营造法式》和清代的《工程做法则例》的基础上,于 1943 年完成了《中国建筑史》的草稿,其研究成果基本代表了我国在传统古建筑领域的最高水准。就中日韩传统木结构建筑的主流形式而言,作为连接屋盖系统与梁柱系统的斗拱系统,是木结构建筑体系的核心部件。

中国传统的梁柱体系跨度往往受限,且耗用木材较多。随着西方科学技术的传入,出现了桁架这一构件形式。木结构房屋逐渐由承重砖墙支承的木桁架结构体系所替代,称为砖木结构房屋。中华人民共和国成立初期百废待兴,而钢材、水泥短缺,大多数民用建筑和部分工业建筑都采用了砖木结构形式(砖承重墙、木屋盖)。据 1958 年统计,这类房屋占总建筑的比例约为 46%。20 世纪五六十年代所建的这类木屋盖,有的至今还在使用。这一时期,木结构应用虽基本上被限制在木屋盖范围内,但仍处于兴旺时期,仍可与混凝土结构、砌体结构和钢结构并称四大结构,在国民经济建设中发挥着重要作用。与此同时,各高校、科研院所有众多专业人员从事木结构教学、科研工作,规范编制、科研、教学的内容也基本以砖木结构为中心。随着我国国民经济建设发展前三个五年计划的推进,基本建设的规模迅速扩大,木材需求量急剧增加,森林被大量砍伐,木材资源几近耗尽。

20 世纪 70 年代后,木结构在中国基本被停用,木结构工作者纷纷转行,高校木结构课程也逐渐停设,中国木结构被迫处于停滞状态,长达 20 余年。反之,美国、日本及欧洲等木结构技术先进的国家和地区,却从未停止前进的步伐。木结构的研究与应用在这些国家与时俱进,居于世界领先地位。木结构的发展应用呈现两个特点:一是木结构产品能够标准化和规格化生产,生产效率高。轻型木结构即代表这一特点:轻型木结构所用规格材和木基结构板,都是标准化和规格化的工业产品,可以大批量生产,价格低廉;轻型木结构用钉连接,是木结构中最简捷的连接方式,施工效率高。轻型木结构在北美、北欧地区得到广泛应用,占这些地区住宅建筑的 90% 以上。二是人工改良的木材即工程木得到发展应用,胶合木等工程木产品代表了这一发展趋势,适合于建造大型复杂木结构。例如,采用胶合木建于 1997 年的日本秋田县大馆市海树体育馆,其跨度达 178 m,系木结构跨度之最。大跨度空间木结构,是一个国家木结构技术发展水平的标志。

近年来,随着我国经济实力的不断增长及全球经济一体化的推进,我国已经可以从国际市场上进口可观数量的木材,并引进木结构设计、制作和木产品生产技术。20 世纪 90 年代末期,以引进北美轻型木结构为标志,预示着木结构的研究与应用在我国逐步恢复。

近 10 年来,木结构事业在我国取得了可喜的发展。一是轻型木结构获得大量应用。据不完全统计,自 2000 年以来,已建成轻型木结构房屋逾万例,遍及我国大部分地区。二是胶合木结构逐渐兴起。其中,具代表性的实例有杭州香积寺、苏州胥江木拱桥及柳州开元寺等工程。三是中国特色的竹材和竹木复合材研发应用进展显著。胶合竹获注册专利,轻型竹结构体系已然成型。四是一系列木结构技术标准已经制定或正在进行中。五是一些具备条件的大专院校和科研单位重新开设木结构课程,开展木结构相关研究并获得各类资助,同时积极扩大国际交流与合作。可以说,木结构的研究与应用在我国出现了欣欣向荣的新气象,教学科研、工程应用、规范制定等都处在积极引进、消化吸收和完善提高的复兴阶段。

作为装配式建筑的三大类型之一,我国现代木结构建筑的发展在 2016 年迎来了一系列利好政策并正式列入国家发展战略。《中共中央　国务院关于进一步加强城市规划建设管理工作的若干意见》提出,积极稳妥推广钢结构建筑,在具备条件的地方倡导发展现代木结构建筑。国务院办公厅出台的《关于大力发展装配式建筑的指导意见》指出:因地制宜发展装配式混凝土结构、钢结构和现代木结构等装配式建筑。国家发展和改革委员会、住房和城乡建设部印发的《城市适应气候变化行动方案》也提出:鼓励政府投资的学校、幼托、敬老院、园林景观等新建低层公共建筑采用木结构。

在国家政策的推动下,木结构建筑相关标准、规范的制定、修订工作在 2016 年也取得了可喜成果,国家标准《木骨架组合墙体技术规范》的修订工作已经完成;完成了国家标准《装配式木结构建筑技术标准》和《多高层木结构建筑技术标准》的制定工作;同时开展了编制工程建设强制性国家标准《木结构技术规范》的研究工作。这些标准、规范的制定和施行将进一步促进木结构的推广、应用,进一步推动木结构建筑行业的升级换代。

4.2.2　我国木结构建筑加工制作技术的应用

随着木结构建造技术和配套加工设备的发展,以及工厂预制具有的工期短、质量可控和可节约成本等优点,工厂预制木结构已经基本代替了现场制作,成为木结构建筑加工制作的主要形式。国外工厂预制木结构房屋技术始于 20 世纪初,而在国内,由于现代木结构建筑产业尚未形成完整的产业链,缺乏先进的木结构建筑加工制作设备与技术,因此国内很多木结构企业引进了国外较为成熟的工厂加工预制技术。工厂预制木结构前期工作都在木结构工厂内的生产线上完成,因而具有以下优点:

(1)易于实现产品质量的统一管理,确保加工精度、施工质量及稳定性;

(2)由于构件可以统筹计划下料,从而能提高材料利用率,减少废料的产生;

(3)工厂预制完成后,现场直接吊装组合能大大减少现场施工时间、现场施工受气候条件的影响和劳动力成本。

目前,木结构建筑的工厂预制主要有构件预制木结构、板块式预制木结构、模块化预制木结构和移动木结构等四种形式:

(1)构件预制木结构:构件预制是工厂预制的最低层次,结合构件设计方案,严格按照设计方案中规格进行生产,制造成本相对较高,现场施工劳动量大。此种建造技术主要适用于方木原木结构和胶合木结构。预制构件的加工设备都是采用先进的数控机床(CNC)。由于预制是在构件水平上,所以运输方便,并可根据客户具体要求实现个性化生产。目前,国内大部分木结构企业引进国外先进的木结构加工设备后,在其成熟的技术指导下都已经具备了一定的构件预制木结构的生产能力。

(2)板块式预制木结构:板块式预制是通过结构分解将整栋建筑分解成几个板块,在工厂预制完成后运输到现场吊装组合而成的。预制的板块大小和尺寸是根据整栋房子的大小和结构而定,一般而言,每面墙体、每层楼板和屋盖构成单独的板块。预制板块根据有无开口,又分为密封和开放两种。为了后续各个板块之间的现场组装、安装电器等设备和现场验货,开放式板块保持一面或双面外露。通常,开放式板块外侧为完工表面,完全铺装 OSB、防潮层和外挂板后的外墙面,框架中间填充好保温岩棉,内侧墙板未安装。封闭式板块内外侧均为完工表面,且完成了设施布线和安装,仅各板块连接部分保持开放。这种建造技术主要适用于轻型木结构建筑,可以大大缩短施工工期。

板块式木结构技术既充分利用了工厂预制的优点,又方便运输,是实现木结构建筑长距离贸易特别是国际贸易经济性的保障。目前,欧洲国家为了降低建筑成本,木结构建筑产业出现了代工的新发展趋势。在长江三角洲地区、珠江三角洲地区和东北地区出现了多家以代工生产木结构建筑为业务的外贸型木结构公司,国外把订单发给我国木结构建造商,我国木结构建造商根据图纸和订单要求进行板块式预制,通过验货后运输到建筑现场进行安装。我国的木结构建造商在拥有高素质低价劳动力的同时,又投资了先进的木结构专业化和自动化生产线,因此我国也成为目前适宜发展木结构建筑代工生产的国家。

(3)模块化预制木结构:模块化预制可用于建造一层或多层的木结构建筑。一般一层的木结构建筑由 2~3 个模块组成,两层的木结构建筑由 4~5 个模块组成。一般模块化预制木结构会有一个临时性的钢结构支承以满足吊装的强度要求,吊装完成后撤除钢结构支承。模块化木结构既最大化地实现了工厂预制,在层数上又可实现自由组合,在欧美等发达国家得到了广泛的应用,但在国内,尚处于探索阶段,未来必将是木结构建筑发展的重要方向。

(4)移动木结构:相比以上三种工厂预制木结构,移动木结构是完全彻底的工厂预制木结构建筑。移动木结构在工厂内不仅完成了所有的结构工程,而且还完成了所有的内外部装修和装饰工作。管道、电气、机械系统和厨卫家具都安装到位,房屋运输到建筑现场通过吊装安放在预先建造好的基础上,接驳上水、电和煤气后,住户可以立刻入住。但由于交通运输问题,目前此种技术体系的预制木结构还仅局限于单层小户型木结构住宅和景区内的小面积景观房屋。

4.2.3　装配式木结构建筑实例

4.2.3.1　游览小火车站

永定河森林公园游览小火车站工程建设于 2012 年 12 月。由于采用原木结构形式,施工不受季节影响,在现场将工厂预制加工好的部件直接进行拼装,总工期仅为 25 天。建成后的游览小火车站与北京园博园内的永定塔隔水相望,既是永定河森林公园内地标性建筑,又是园博园永定塔的对景(见图 4-22)。

图 4-22　游览小火车站

永定河森林公园游览小火车站总建筑面积为 307.21 m²,是一栋井干式原木结构建筑。

1.建筑布局和功能

游览小火车站具备游客购票、候车、餐饮休息、观景和服务人员售票管理、办公、消防观察的功能。首层建筑面积 237 m²,二层多功能厅面积 70.21 m²,局部突出钟楼高度 14.83 m。一层屋顶架空铺设防腐木天台,可供游人登高远眺,尽览湖光山色。

小火车站一层布置有值班室、多功能厅(兼具售票、餐饮)、休息廊;二层布置有多功能厅和开敞的观景台;通过三跑旋转楼梯上至三层,沿楼梯一圈为观景平台,兼具工作人员瞭望观察的功能。

2. 建筑立面和造型

运用外廊、券柱形成灰空间,为建筑投下深深的阴影,既满足游客遮阳避雨的要求,又丰富了建筑轮廓线。三跑旋转楼梯总共三层,三层设外廊,并安置钟表,体现了交通建筑与旅游建筑的特色。四坡瓦屋面和两坡瓦屋面结合使用,使得整个建筑高低错落、精巧美观(见图4-23)。

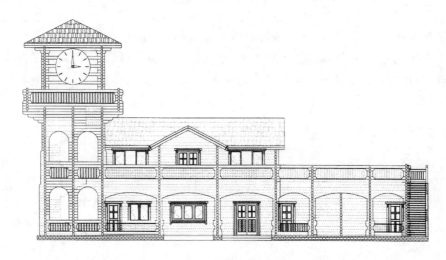

图4-23　建筑立面图

外墙涂刷渗透型进口水封涂料,浅咖啡色,亚光,与自然环境协调统一。

3. 结构设计

木屋建筑结构形式为井干式,国外一般称为 loghouse 或 loghome。

永定河森林公园游览小火车站工程综合考虑北京地区气候及建筑功能特点,选择木屋墙壁厚度为 100 mm。工厂将标准截面木制型材依照 AutoCAD 图进行锯切、钻孔等加工,由工人现场叠砌而成,型材层间依靠舌形榫槽连接,横纵相交充满处为鞍形卡口咬合,见图4-24。

图4-24　施工现场图

屋面保湿层为 80 mm 厚挤塑聚苯板,采用进口多彩玻纤沥青瓦,施工轻便快捷,并降低了屋面荷载,见图 4-25。

图 4-25　玻纤沥青瓦屋面

4. 构造节点(见图 4-26)

建筑门窗均采用樟子松实木制作,色彩质感与墙面一致。外门门板为双层木板间加挤塑板保温,木窗为欧式 IV68 实木窗,双层中空玻璃,最大限度地降低了使用能耗。

木墙体安装时采用榫卯连接,实木墙体与砌体勒脚相接处,设置防腐木,防腐木与实木墙体之间加呼吸纸一层,以起到防潮、防腐的作用。

5. 内装修

室内全部为木色,木材表面均匀涂刷透明漆,为水性漆,无色无毒,无味不燃,保证了人员的安全环保。

地面采用木地板,色润温暖,脚感舒适(见图 4-27)。

4.2.3.2　梦加园

梦加园项目共分为两期:一期为建筑面积 888 m² 的梦加园展示中心,是一栋开放式梁柱胶合木结构建筑,为专业人士提供有关木结构房屋和木产品的技术知识培训与咨询。二期为两栋建筑面积各约 500 m² 的梦加园别墅,以展示木结构在营造舒适家居上的独特功效,并首次融会了现代木结构建筑和中式古典建筑的特点。

梦加园展示中心坐落于上海浦东新区红枫路,于 2005 年建成。项目由加拿大 DGBK 建筑师事务所、加拿大 KFS 国际建筑师事务所和上海爱建建筑设计院共同设计,旨在展示轻型和重型木结构建筑的设计和建造技术,目前用于林创(中国)和加拿大木业协会会员的办公场所(见图 4-28)。

1. 建筑布局和功能

梦加园展示中心一层布置有展示大厅、70 座的开放式多功能教室、图书室兼会议室和多功能服务厨房。展示大厅是常年展览和组织活动的场所,多功能教室可以打开,成为展示大厅的一部分,这样展厅里即使展品就位后,仍然能容纳 400 人。接纳区与展览区连通,使来访者在等待时即可感受相关产品的魅力。

梦加园展示中心二层布置有 8 间办公室和 1 间会议室,这些空间兼顾了个人私密性和公众开放性的设计理念,同时在多功能教室和图书室的上方分别设置了半封闭和开放式的露台,为使用者提供了休憩放松的场所。

2. 建筑立面和造型

梦加园展示中心外墙饰面采用横向木质挂板和天然石材,使用大量的玻璃窗,营造出展

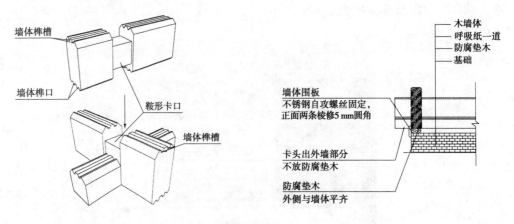

(a)墙体安装图

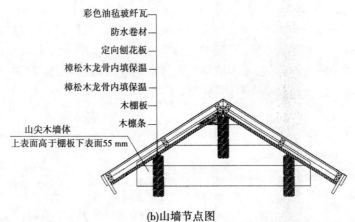

(b)山墙节点图

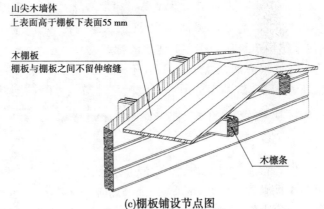

(c)棚板铺设节点图

图4-26　构造节点

示空间开放的特点(见图4-29)。

　　屋面采用灰色混凝土复合屋面瓦,檐口为锌制防水板,既保护木质墙面,又将雨水导入排水管道。为了引入更多的自然光,并形成建筑物自然的空间对流,在屋脊处设置了一个拱形屋顶的横向玻璃天窗,丰富了建筑的屋脊线。

图 4-27　室内装修图

图 4-28　展示中心效果图

　　建筑立面通过木材、石材、锌板和玻璃不同材质的自然组合,使出檐很深的木格架外廊、大面积的玻璃幕墙、半封闭和全开放的露台与混凝土复合屋面瓦一起塑造了展示中心自然气息浓郁的现代木结构建筑风格。

　　梦加园展示中心基础为混凝土基础,提高了基础的承载力。上部结构体系由花旗松胶合梁与经防腐处理的铁杉地梁,以及 SPF 外墙龙骨与花旗松胶合板墙面板和楼面板构成。考虑到抗震的要求,在平面中的合适位置布置有剪力墙。

　　3.楼面

　　二层楼面由传统的 SPF 外墙龙骨和花旗松楼面格栅、楼面桁架系统、组合楼面格栅系统和开放式网架系统共同构成。二层楼面表面浇筑了一层混凝土,用以提高建筑物的隔音效果。

　　4.屋面

　　梦加园展示中心的屋顶主体部分由花旗松屋顶结构和 SPF 企口屋板组成。主展厅的

图 4-29　建筑立面和造型图

跨度为 8.5 m 以上,承重构件为双根组合橡条,并用倒置的 V 形钢管支架和固定于胶合梁主体结构上的不锈钢缆绳进行支撑和加固。

屋脊处 33.5 m 长的天窗部分由弯曲的花旗松三合板组件构成,支撑构件为小型的花旗松胶合梁和钢管柱,整个天窗通过不锈钢缆绳进行加固。

5. 建筑设备

梦加园展示中心设置有自动喷淋灭火系统、中央空调和中央供暖设备。

6. 外装修

梦加园展示中心外墙面既使用了上海当地材料(花岗岩和铝制玻璃幕墙),也使用了进口材料(加拿大卑诗省的红柏和黄柏)。幕墙的使用使建筑物的许多木制结构构件和装饰性构件一览无余。多种材料综合使用,使构件之间的连接恰到好处、细致入微。这些设计措施展示了组合式木结构建筑的灵活性(见图 4-30)。

图 4-30　外装修图

梦加园展示中心大门是用来自温哥华岛的老生木材制作的,经过窑干的直纹花旗松特有的纹理和加拿大卑诗省艺术家在上面雕刻的西部海岸风格图案,增加了建筑的自然气息(见图4-31)。

图 4-31   展示中心大门

7. 内装修

梦加园展示中心内部通过多种不同建筑技术的应用,综合使用了各种软木材和硬木材,整座建筑的内饰板是中国加工的卑诗赤杨木饰板。硬木地板和内部通道门是在我国加工制作的卑诗阔叶枫木。木制的窗户和镶条是我国制造的卑诗铁杉木。

一层走廊顶棚以及室内细木工、装饰线条和次楼梯的局部装饰物都是使用卑诗铁杉木在上海加工而成的(见图4-32)。

主楼梯的踏板是花旗松胶合木,用螺栓固定于一条略微弯曲的钢制楼梯斜梁上(见图4-33)。

图 4-32   一层走廊   图 4-33   主楼梯

4.2.3.3   泰达悦海酒店项目

天津泰达悦海酒店项目包括五星级大酒店、三栋独栋高标准酒店式公寓、五栋特色客房楼及办公楼等单体,其中两栋独栋高标准酒店式公寓和办公楼为中国加拿大合作多层木结构住宅建筑技术应用示范工程项目。该项目位于天津北塘经济区内,由天津泰达悦海酒店投资有限公司建设、天津市建筑设计规划研究院设计。项目中的两栋独栋酒店式公寓为四层的混合木结构建筑,建筑的木料全部从加拿大进口,树龄在50年左右,建筑过程由加拿大专业技术人员进行全程指导建设(见图4-34)。

图4-34 效果图

项目基地位于中新天津生态城起步区北部,东起中生大道,南到中新大道,西邻蓟运河,北至蓟运河故道。总体规划在基地上以S形水平展开,各功能建筑被有序地布置在S形轴线周围,五星级大酒店、三栋独栋高标准酒店式公寓、五栋特色客房楼及办公楼自然分开,互不干扰,形成了统一的整体。各单体建筑均有各自独立的车行流线直接到达各单体主要入口。基地主入口位于中新大道一侧,动漫园中环路和内环路另设次要入口。

建筑设计该项目中的两栋独栋高标准酒店式公寓均为四层混合木结构建筑,总建筑面积为 8 600 m^2,是国内首栋四层的木结构建筑。

1. 总体规划

酒店式公寓在基地内与周围建筑间距大于 10 m,沿主楼设有宽度大于 4 m 的环形消防车道,并与城市道路连通,酒店式公寓总平面布置见图4-35。

2. 建筑层数和面积

本工程每栋建筑均为四层,每栋建筑地上每层建筑面积为 587.5 m^2,总建筑面积为 2 350 m^2,建筑长度为 28.8 m。建筑层数超出了《建筑设计防火规范》(GB 50016—2014)对于轻型木结构建筑允许层数三层的规定,因此由天津消防局组织消防设计专家专门做了专项评审论证后,才确定了层数。本工程严格按照《建筑设计防火规范》(GB 50016—2014)对建筑构件耐火性能的要求设计、施工。

3. 建筑布局和功能

酒店式公寓共三栋,各栋之间间距 13 m。合作项目地下一层为车库,地上四层为轻型木结构客房楼。地下车库建筑面积约为 3 900 m^2,地上两栋木结构建筑面积均为 2 350 m^2,首层布置有大厅、值班室和 9 间客房,2 ~4 层各有 11 间客房。屋脊高度为 16.8 m。

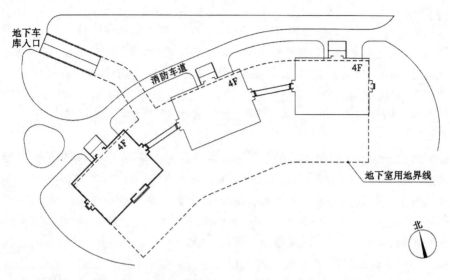

图 4-35　酒店式公寓总平面示意

4.2.3.4　木盒子建筑

装配式木盒子体系建筑由基础、木盒子、木屋盖、外围护体四大部分组成(见图 4-36 (a)),属多重箱形结构。每个箱子为不同尺寸的木盒子,每个木盒子以梁柱体系为主,四周覆以具有结构作用的面板。盒顶梁架部分通过处理具有网架特点。同时,盒与盒之间的连接经过处理也可以增强结构强度,所以其强度完全可以建造多层建筑。

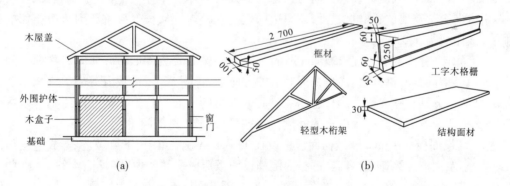

图 4-36　装配式木盒子体系的组成部分和主要材料　(单位:mm)

1. 材料

装配式木盒子建筑使用的材料主要为框材、工字木格栅、轻型木桁架、结构面材等(见图 4-36(b))。框材可以为规格材(按一定尺寸和模数制成的实心锯材),或结构复合木材及胶合木,其截面为 50 mm×100 mm,主要承担柱的作用。工字木格栅是一种有效代替实木木格栅的工程木产品,由上下翼缘与中央的腹板组成。翼缘一般用规格材或结构复合木材(LVL)制作,腹板则一般用结构胶合板或定向刨花板制作。翼缘的截面为 50 mm×60 mm,总高度为 250 mm,在结构上主要承担梁和圈梁的作用。轻型木桁架主要用于形成装配式木盒子建筑的屋盖,由不同的弦杆按设计组合而成。弦杆采用规格材,其截面为 50 mm×100 mm,结构上主要承受屋面荷载。结构面材主要用于装配式木盒子建筑的楼、地面及内外墙面,要求能承受一定规模的横向与纵向荷载,具有结构作用。它可以用实木板或其他木基结构板材如结构胶合板和定向刨花板制成,板厚 30 mm。所有这些规格材及工程木产品,不分树种与做法,但在性能上必须达到《木结构工程施工质量验收规范》(GB 50206—2012)、《木结构设计标准》(GB 50005—2017)的相关要求。在装配式木盒子住宅中还要应用金属五金件和其他板类、膜类材料。金属五金件主要用于各木制构件间的连接。其他板类、膜类材料则主要填放在结构材料中,用于提高住宅的保温、隔热、防潮、防火、隔音等性能。

2. 基础

装配式木盒子建筑主要采用混凝土条形基础或混凝土整板基础。基础的面层要求形成混凝土地坪,高出室外地面 20 mm。木盒子、外围护体、建筑首层的木地面均固定在基础中预埋的金属件上。与混凝土地坪接触的构件要经防腐、防潮处理。通常情况下,装配式木盒子建筑的条形或整板基础只需要 300～500 mm 厚,是典型的浅基础。它可以减少混凝土对土壤的不利影响,并保证地下水不被阻断。建于辽清宁二年(1056 年)的山西应县佛宫寺释迦塔,高度达到 67 m,巍然矗立在夯土台上近千年,其双套筒在上部紧密联系,然后再层层叠加,和装配式木盒子建筑体系非常相近,所以浅基础用于多、高层建筑是可行的。

3. 木盒子

木盒子是构成装配式木盒子建筑空间上的基本单元。装配式木盒子建筑中每户的门厅、客厅、卧室、餐厅、厨房、厕所甚至过道及公共楼梯间等,都是不同尺寸的木盒子。木盒子平面通常是长方形,每边的长度以 500 mm 为模数。具体的形成步骤如下:

(1)确定木盒子尺寸及框材。把高 2 700 mm 的框材沿长方形边每隔 500 mm 设立一根,保证框材放置时截面的长边方向与长方形边方向平行。特别注意木盒子的角部,在长方形两边方向上都需要放置框材,且保证短边的框材在外端。从长方形角点到每边相邻框材的中心线距离为 500 mm。

(2)固定工字木格栅。把 250 mm 高的工字木格栅顺着长方形边方向固定在框材的顶部以形成类似圈梁的箍,然后在长方形短边的方向上,每隔 500 mm 放置一根工字木格栅形成梁,其两端分别支撑在长方形长边相互对应的框材的中心部位上。最外侧的工字木格栅横梁,支撑在长方形长边端头框材的外侧,紧贴着长方形短边的圈梁。

(3)铺设面板。30 mm 厚结构面板铺设在工字木格栅横梁上、下翼缘上,形成上层住户的地面、本层用户的天花板。四周框材内侧铺设面板形成房间的内墙(见图 4-37)。这些构件的连接是通过预制的金属五金件完成的。木盒子平面以 500 mm 为模数是经过综合比较建筑的使用尺度要求、木构件强度性能等诸多因素得出的结论。在实际生产中,尚需根据具体情况增加必要的工艺与材料,改进其保温、防火、防潮、安全等方面的性能。每个木盒子必须开洞,常见的洞开在木盒子的竖直面上,作为房间的窗和门。大部分洞宽度超过 500 mm,所以需抽掉 1 根或几根框材。根据洞的竖向尺寸要求,其上、下口用框材做横框(门洞直接到底),此处非洞部分需用框材做对角斜撑加固。为了减少木盒子在结构强度上的损失,尽量把窗和门安排在非主受力的木盒子短边竖直面上。如在木盒子主受力面上开超宽(大于2 000 mm)的洞,必须进行特殊处理。装配式木盒子因楼层不同,做法上也有一定变化。首层木盒子的框材需增加高度,顶层木盒子则不需安装工字木格栅横梁及水平面板。作为楼梯间的木盒子,需在楼梯转折平台的位置增加不交圈的工字木格栅圈梁及支撑楼梯平台的工字木格栅横梁,工字木格栅制成的梯段梁,两端固定在平台靠内的工字木格栅横梁上。在工厂内加工木盒子时,面板不可全部安装到位,需留有用于连接的操作孔。考虑到运输方便,应将木盒子加工到面,现场装配成盒。

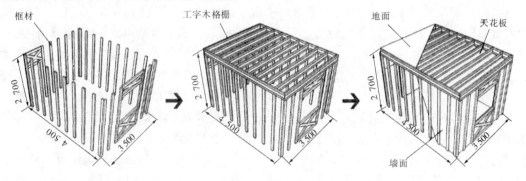

图 4-37　木盒子的形成　(单位:mm)

4. 木盒子组合

为满足需求,住宅中每个空间的大小及相互关系必须经过精心安排,由套到单元最后形成栋。装配式木盒子住宅也需合理组合木盒子使其满足居住的功用,即进行住宅的平面设计。可借鉴其他结构形式建筑平面的设计成果,对木盒子的组合进行研究,但不能忽视装配式木盒子建筑自身的特殊性。主要表现在:每个木盒子的大小有较强的关联性,平面以 500 mm×500 mm 为模数。组合后的木盒子外轮廓不能过分复杂,需具有一定的整体性。

5. 木盒子连接

当木盒子的组合方式被确认后,需将其进行连接。木盒子与木盒子连接不只是将几个或几十个盒子固定在一起,更需以此提高建筑的其他特性。连接技术中蕴含的巨大潜力,足以解决建筑中许多关键问题。如木盒子与木盒子连接时,根据位置不同填充或嵌入一种或几种其他具有特定性能的板材或膜,可以提高建筑在保温、隔热、防潮、隔音等方面的性能。在户与户相邻的木盒子连接时,嵌入防火材料使其形成通宽、通高的竖向隔火面,可以满足高密度建筑的消防要求。在连接的框材中夹入一定宽度和厚度的扁钢,或在盒子连接时将对应的框材之间留 50 mm 空隙,在侧面选几个不同标高位置用 150 mm 的扁钢,都可以提高其结构强度,超宽度开洞时,两边起支撑作用的框材就需这样处理。

6. 外围护体

木盒子连接结束后,四周将形成闭合的、没封面板的外表。需要独立制作外围护体,固定形成外墙。外围护体的制作及它与外表框材的连接处理是装配式木盒子建筑又一核心技术。通常外围护体以对应的木盒子外墙部分大小为单位制作,然后逐层安装固定。标准的外围护体为长 2 700 mm,截面 50 mm×100 mm,框材沿建筑方向每隔 500 mm 竖立,在框材的上端以 250 mm 高的工字木格栅连通,最后通面在框材和工字木格栅翼缘的外侧铺结构面材。500 mm 的间距是为了保证连接都发生在框材上。外围护体与木盒子连接时,填充或嵌入一种或几种其他具有特定性能的板材或膜,同样可以加强建筑诸方面的特性。中间留 50 mm 的空隙,除可以增加结构强度外,如果在外墙面材上下部位开对外的通气孔,还可以形成拔风的现象,这有益于保持建筑外墙的干燥与减少室内温度的变化。外围护体也可以用其他材料制成(如一层窗台下或整个一、二层的外围护体用砖砌成)。

7. 木屋盖

当顶层的木盒子及外围护体安装完成后,需在其上覆盖木屋盖。装配式木盒子住宅的木屋盖有平屋顶与坡屋顶两种形式,主要由垂直于建筑长边方向间距 500 mm 的一榀榀轻型木桁架构成。平屋顶的轻型木桁架上下弦基本平行。上弦上铺结构面板、防水卷材,并安装保护层;下弦底铺结构面材形成天花板,其上必须填充一定厚度的保温材料。屋面的排水可通过上弦外挑形成的出檐直接无组织排出,也可以做女儿墙通过雨落管有组织排水。轻型木桁架外侧也需制作安装独立的外围护体。坡屋顶的轻型木桁架是以规格材为弦杆通过金属件连接形成的三角屋架。为了功能、造型等方面的需要(如增加老虎窗或坡面多方向的组合),许多榀木桁架的形式、构造及相互连接方式等都会改变,必须预先设计与制作。最常见的三角屋架以建筑短边长度为底,以 1/4 建筑短边长度为高,垂直建筑长边方向间距 500 mm 放置。屋架确定后,上弦上铺结构面板、防水卷材及瓦形成屋面,其下弦做法同平屋顶,注意平、坡屋顶的每榀木桁架必须支撑在木盒子与外围护体的框材上。

4.2.4 木结构建筑在我国的发展趋势

木结构建筑以不同的形式在许多工程中得到了大量应用,但是,我国木结构建筑的发展还处于发展初期,对于未来发展的趋势,有以下几个方面值得关注。

(1)木结构建筑将在绿色建筑、节能环保建筑的发展中占有十分重要的作用。

由于木材本身具有的绿色、可持续发展和节能环保的优良特性,因此随着我国相关政策的落实,木结构建筑将在我国绿色建筑、节能建筑中占有相当重要的地位,是我国未来木结构建筑发展的主要方向之一。

(2)木结构建筑将在文教建筑中得到大量应用。

随着人们对教育的重视和政府对教育系统投入的增加,木结构建筑将在我国文教建筑中占有相当重要的地位。木结构建筑非常适合幼儿园、小学使用,也是我国未来木结构建筑发展的主要方向之一。

(3)木结构建筑将在体现个性化的休闲娱乐建筑中得到大量的应用。

随着社会经济发展,人们要求建筑展示自身特点的愿望越来越强,木结构建筑能体现个性化设计、展示不同风采的优点将受到人们的普遍认同。木结构建筑将在一些休闲会所、俱乐部、小型办公楼建筑中占有十分重要的地位,也是我国未来木结构建筑发展的主要方向之一。

(4)木结构建筑将在旅游度假建筑中得到大量的应用。

随着社会经济发展,人们对生活质量要求越来越高,对休闲度假的需求越来越强,木结构建筑能较好地融入自然风景中,对环境影响十分微小。因此,木结构将在旅游度假建筑中占有十分重要的地位,也是我国未来木结构建筑发展的主要方向之一。

(5)木结构建筑将在体现传统文化、宗教文化的建筑中得到一定的应用。

随着人们继承和发扬传统文化的认识不断提高,以及对宗教文化的尊重,木结构将在体现这些文化的建筑中得到适当的应用,这方面的建筑是我国未来木结构建筑发展趋势中不可缺少的一个方面。

(6)木结构建筑将在大跨度、大空间的建筑中得到适当的应用。

随着社会经济发展,大跨度、大空间建筑的需求将会越来越多,木结构在这类建筑中的优势已得到人们的认同。特别是在需要大跨度、大空间的体育建筑中利用木结构是未来我国木结构建筑发展趋势中最需要关注的一个方向。

(7)木结构建筑将在多层和高层建筑中得到应用。

在多层和高层建筑中采用木结构建筑,是世界上木结构建筑最新的发展方向和开展领域。目前,欧洲地区已建造完成了 14 层的木结构组合建筑,北美地区正在建造 18 层的木结构组合建筑。多高层木结构建筑将是我国木结构建筑发展中最需要重点关注的一个方面。

4.3　预应力混合结构建筑

混合结构是一个很大的范畴,它包括诸如钢－混凝土混合结构、木－混凝土混合结构、砌体墙－混凝土框架结构、夹层和叠层结构及其他多种不同的混合结构体系。混合结构的特点是:将不同材料组成的多种结构或构件以适当的方式集合为一个复杂且连续的统一体,以共同抵抗外部荷载作用。

在现有的现浇结构体系中,现浇板－钢框架混合结构比较常见,在混凝土结构中掺加大量型钢钢材,不但可以有效减小结构的材料用量,减少结构自重,而且能够很好地提高结构的抗震和承重性能。借鉴与装配式结构和钢结构两者所表现出来的巨大优势,可以把这两种结构体系结合在一起,发挥各自结构的优势,使其发展成为一种新型的结构体系,这一结构体系解决了混凝土结构自重大和纯钢结构造价高的问题,对我国建筑行业的发展具有重大意义。

4.4　竹木结构建筑发展方向

(1)发展中国特色的竹木结构。如同 20 世纪五六十年代的砖木混合结构那样,研发木－混凝土结构;将轻型木结构和轻型钢结构相结合,研发轻型钢木结构;利用间伐小径材研发小径木轻型木结构。实现胶合竹等竹材产品和竹木复合材产品的标准化、工业化生产,确定这类产品的强度设计指标和完善其结构的计算设计理论和方法,竹结构和竹木结构在我国将大有可为。

(2)大力开展科学研究,完善我国竹木结构计算设计理论。现代木结构离不开计算设计理论与方法的指导。我国现有木结构计算设计理论基本以苏联计算理论为基础,适用于工地现场制作木构件(主要是木桁架)所建的木结构。现代木产品研发,理所当然地需要更新现有理论和方法。引进参考国际先进经验是必要的,但需要消化吸收,不能照搬。因此,应结合国情,博采众长,继承和发扬具有中国特色、体现中国研究水平的理论和方法。

(3)加强竹木结构类技术标准的制定,建立认证体系。中国木结构建筑相关研究正如火如荼地进行着,但是相对于木结构建筑体系的日新月异、木结构建筑产品进口与生产数量的快速增加,我国相关标准的制定和更新远远落后于市场的需求,因此在木结构建筑技术和材料研究的基础上,应加强木结构类技术标准的制定,以推动木结构在我国的发展。值得肯定的是,我国木结构类技术标准的体系已基本形成,其中包括胶合木(结构集成材)、规格材、锯材产品标准,木结构设计、施工和质量验收规范及木结构试验方法标准。目前需要建立竹木结构材料的认证体系。

（4）促进结构用标准化、工业化的竹木产品研发。竹木结构的发展需要消耗大量的结构用材,我国竹类资源有很大的开发潜力,因此专家、学者应在提高木材资源利用率的基础上,大力进行竹木产品的研发,以满足剧增的结构用材的需求量。结构材料制造,必须实现标准化生产,才能保证性能的稳定。同时,工业化生产可以降低成本;在制造过程中预埋管线,减少了二次装修费用,不仅可以进一步缩短工期,而且质量有所保证。

复习思考题

1. 简述现代竹木结构建筑的发展前景。

2. 简述装配式木盒子体系建筑的制作流程及注意事项。

3. 比较模块化钢结构、现代竹结构和现代木结构三种结构的特点,并提出自己的观点。

第5章　装配式建筑机电安装

5.1　概　述

随着我国城市化进程的加快,建筑机电安装行业快速发展。资源浪费、环境污染、施工安全和效率低下的问题日益突出。因此,安全高效、节能环保、文明施工,成为该行业健康发展的迫切需求,在此引导下,"工厂预制和现场装配"的发展方向,逐渐成为机电安装行业可持续健康发展的必然选择和趋势。

装配式建筑机电安装应满足以下基本原则:

(1)装配式混凝土建筑机电设备管道系统设计应符合国家、行业现行设计标准、规范;满足抗震、防火、节能、隔音、环保及安全性能,符合适用、经济、在可能情况下注意美观的原则,同时符合装配式建筑及绿色建筑的要求。

(2)装配式混凝土建筑机电设备管道宜与室内装修一体化设计。宜选用装配化集成部品,其接口应标准化,满足通用性和互换性的要求。

(3)应考虑建筑机电管线与结构体系的关系,宜减少设备机房、管井等管线较多场所的内墙和楼板。

(4)机电设备部品与结构预制墙、板的连接应牢固可靠,与预制墙、板、梁密切关联的部位应根据结构设计模数网格做好预留、预埋。

(5)装配式建筑的施工图设计文件应完整,并满足预制构件深化设计单位编制预制构件深化图纸的要求,深化图纸应包括预制构件上需预留、预埋的孔洞、套管、管槽及预埋件等。预留、预埋应在预制构件厂内完成,并进行质量验收。

(6)应做好施工组织流程,保证各施工工序的有效衔接,提高效率,缩短施工周期。

装配式建筑机电安装应当遵循的技术要求如下:

(1)装配式混凝土建筑的机电设备管道应进行综合设计,并宜采用管线分离方式。竖向管线宜集中设置,水平管线的排布及走位应充分考虑减少各工种之间的交叉和干扰。

(2)装配式混凝土建筑公共部分和户内部分的管线连接宜采用架空连接的方式,如需暗设,宜结合结构楼板及建筑垫层或架空层进行设计。

(3)当管线需与预制构件结合时,预制构件中应预埋管线或预留沟、槽、孔、洞;严禁在围护结构安装后凿剔沟、槽、孔、洞。

(4)装配式建筑机电设备管道宜采用同层敷设方式;给水、采暖水平管线宜暗敷于本层地面下的垫层或架空层内;排水管道宜同层排水;空调水平管线宜布置在本层顶板下;电气水平管线宜暗敷于结构楼板叠合层中,也可布置在本层顶板下。

(5)隐蔽在装饰墙体内的管道,其安装应牢固可靠,管道安装部位的装饰结构应该采取方便更换、维修的措施。

（6）户内配电盘与智能家居布线箱位置宜分开设置。

（7）机电管线支吊架设计安装应满足《建筑机电工程抗震设计规范》（GB 50981—2014）中的抗震要求。

5.2 给排水系统

给排水系统设计技术措施主要包括以下内容：

（1）装配式混凝土建筑共用给水、排水立管应设在独立的管道井内。公共功能的控制阀门、检查口和检修部件应设在公共部位。雨水立管、消防管道应布置在公共部位。

（2）装配式混凝土建筑给水管道宜敷设在墙体、吊顶或楼地面的架空层或垫层内，并考虑隔音减噪和防结露等措施。

（3）装配式混凝土建筑排水管道宜采用同层敷设，并应结合建筑层高、楼板跨度、卫生部品及管道长度等因素确定方案。同层排水的卫生间地坪应有可靠的防渗漏水措施且宜做上下两层防水。

（4）装配式混凝土建筑整体卫浴、整体厨房的同层排水管道和给水管道，均应在设计预留的安装空间内敷设。同时，预留和明示与外部管道接口的位置。

（5）固定设备、管道及其附件的支吊架安装应牢固可靠，并具有耐久性，支吊架应安装在实体结构上，支架间距应符合相关工艺标准的要求，同一部品内的管道支架应设置在同一高度上。

（6）成排管道或设备应在预制构件上预埋用于支吊架安装的埋件。

（7）太阳能热水系统集热器、储水罐等的安装应考虑与建筑一体化，做好预留、预埋。

（8）给水、消防管材预制墙、梁、楼板预留普通钢套管尺寸。管材为焊接钢管、镀锌钢管、钢塑复合管。

（9）给水、消防管穿越预制墙、梁、楼板预留普通钢套管尺寸见表 5-1；排水管材穿预制楼板预留孔洞尺寸见表 5-2。管材为塑料排水管和金属排水管。

表 5-1　给水、消防管穿越预制墙、梁、楼板预留普通钢套管尺寸　　（单位：mm）

管道公称直径	15	20	25	32	40	50	65	80	100	125	150	200
钢套管公称直径（适用无保温）	32	40	50	50	50	80	100	125	200	225	250	300

表 5-2　排水管材穿预制楼板预留孔洞尺寸　　（单位：mm）

管道公称直径	50	75	100	150	200	备注
圆洞	125	150	200	250	300	
普通塑料套管公称直径	100	125	150	200	250	带止水环或橡胶密封圈

（10）阳台地漏、采用非同层排水方式的厨卫排水器具及附件预留孔洞尺寸见表 5-3。

表 5-3　排水器具及附件预留孔洞尺寸　　　　　　　　　（单位:mm）

排水器具及附件种类	大便器	浴缸、洗脸盆、洗涤盆	地漏、清扫口			
所接排水管管径	100	50	50	75	100	150
预留圆洞	200	100	200	200	250	300

（11）装配式混凝土建筑消防给水系统设计应遵守《建筑设计防火规范》（GB 50016—2014）、《消防给水及消火栓系统技术规范》（GB 50974—2014）、《自动喷水灭火系统设计规范》（GB 50084—2001（2005 年版））、《建筑灭火器配置设计规范》（GB 50140—2005）等相关国家及地方法规、规范及标准。

（12）消火栓箱用于预制构件上预留安装孔洞,孔洞尺寸各边大于箱体尺寸 20 mm。箱体与孔洞之间间隙应采用防火材料封堵,并应考虑消火栓所接管道的预留做法。

5.3　暖通空调系统

暖通空调系统设计技术措施主要包括以下内容:

（1）装配式混凝土建筑供暖通风和空气调节系统及冷热源方式的选择,应根据气候分区、能源利用状况、经济技术条件确定,并应符合《民用建筑供暖通风与空气调节设计规范》（GB 50736—2012）的规定。

（2）装配式混凝土建筑应采用适宜的节能技术,使室内既能维持良好的热舒适性,又能降低建筑能耗和减少环境污染的设计。室内热环境设计指标应符合国家及当地现行建筑节能设计标准,并且应充分考虑自然通风效果。

（3）装配式混凝土建筑设计应保证空气质量,合理组织自然通风;厨房、卫生间应采取有效通风措施;通风换气次数、室内空气污染物浓度应符合相关标准要求。如需设置机械通风设施,应预留孔洞及安装位置。

（4）装配式混凝土建筑室内供暖系统宜采用低温热水地面辐射供暖系统,也可采用散热器供暖系统。

（5）装配式混凝土建筑供暖系统的主立管及分户控制阀门等部件应设置在公共部位管道井内;由公共部位进入户内的供暖管道应做好预留、预埋;户内供暖管线宜设置为独立环路。

（6）装配式混凝土建筑宜采用有外窗的卫生间,当采用整体卫浴或采用同层排水架空地板时,宜采用散热器供暖。

（7）散热器的挂件或可连接挂件的预埋件应预埋在实体结构上。散热器宜避免在预制外墙上安装,以减少预制外墙上的预埋件。

（8）穿预制外墙的新（排）风口应预留孔洞,孔洞尺寸应根据产品确定,位置应避开预制结构外墙的钢筋,避免断筋。严寒和寒冷地区应考虑由此带来的热桥影响。

（9）卫生间及厨房排油烟机的排气管道可通过竖向排气道或外墙排向室外。当通过外墙直接排至室外时,应在室外排气口设置避风、防雨和防止污染墙面的构件,并应在预制外墙上预留孔洞。通过外墙排至室外的位置不宜设置在建筑凹口处。

(10)装配式混凝土建筑安装燃气设备的房间应预留安装位置及排气孔洞位置。安装在预制墙体上的燃气热水器,其挂件或可连接挂件的预埋件应预埋在预制墙体上。

(11)整体卫浴、整体厨房内的设备及管道应在部品安装完成后进行水压试验,并预留和明示与外部管道的接口位置。

(12)安装在预制构件上的暖通空调、防排烟设备,其设备基础和构件应连接牢固,并按设备技术文件的要求预留地脚螺栓孔洞。

(13)吊装形式安装的暖通空调、防排烟设备应在预制构件上预埋用于支吊架安装的埋件。

(14)暖通空调、防排烟设备、管道及其附件的支吊架应固定牢靠,应固定在实体结构预留、预埋的螺栓或钢板上,并有防晃措施。

(15)在装配式混凝土建筑的通风、空调系统设计中,当采用土建风道作为通风、空调系统的送风道时,应采取严格的防漏风和绝热措施;当采用土建风道作为新风进风道时,应采取防结露绝热措施。

(16)装配式混凝土建筑的土建风道在各层或分支风管连接处在设计时应预留孔洞或预埋管件。

5.4　燃气系统

燃气系统设计技术措施主要包括以下内容:

(1)装配式混凝土建筑燃气系统设计应遵守《城镇燃气设计规范》(GB 50028—2006)、《住宅建筑规范》(GB 50368—2005)、《住宅设计规范》(GB 50096—2011)等相关现行国家或地方法规、规范及标准的规定。

(2)装配式混凝土建筑内设置的燃气设备和管道,应满足与电气设备及相邻管道的净距,应符合《城镇燃气设计规范》(GB 50028—2006)的相关要求。

(3)装配式混凝土建筑燃气系统应与建筑同步设计,所有燃气管道穿越预制墙板、楼板等结构预制构件处应预留孔洞或预埋钢套管,不应后期在预制构件上开凿孔洞。

(4)装配式混凝土建筑户内燃气灶应安装在通风良好的厨房、阳台内;燃气热水器等燃气设备应安装在通风良好的厨房、阳台内或其他非居住房间内。

(5)装配式混凝土建筑燃气热水器的烟气必须排至室外,排气管严禁与厨房燃具排油烟道合用,排气口应采取防风措施。安装燃气热水器的房间,其外墙采用预制构件时,燃气热水器应预留至室外的燃气热水器专用排气孔洞(孔径为100 mm)。

(6)装配式混凝土建筑厨房或服务阳台采用预制楼板或外墙采用预制构件时,燃气立管穿越楼板及燃气横管穿越预制墙体构件处,应预埋钢套管,套管直径应比燃气管直径大两档,套管上端应高出楼板80~100 mm,下端与楼板齐平,套管与燃气管之间用不燃材料填实,套管内管道不得有接头。

5.5　电气系统

装配式建筑的预制构件是在工厂内预制完成的,原则上在施工现场不允许凿洞、开槽,以避免伤及预制构件,影响质量及观感,因此装配式建筑的电气设计应秉持"安全可靠、节能环保、维修管理方便、设备布置整体美观"的原则,采用标准化、系列化的设计方法,做到设备布置、设备安装、管线敷设及连接的标准化和系列化。

5.5.1　电井的选址

在供配电系统中,电井的位置应深入负荷中心,以缩短低压配电半径、降低电能损耗、节约有色金属、减少电压损失、满足供电质量的要求。对于住宅建筑,一般 2~3 户共用一部电井,因此水平供电半径较小,电压损失极少,能够很好地满足供电质量的要求。

由于电井内设有竖向桥架以及管线等,井道内的楼板需要提前预留洞口,同时楼板以及墙体内也会暗埋大量管线,因此为避免预制构件中预埋大量管线的现象产生,电井应避免设置于采用预制楼板的区域内。

5.5.2　户内配电(线)箱位置

装配式建筑户内配电(线)箱的设置原则与现浇建筑的设置原则相同,在满足功能以及规范要求的前提下,尽量满足美观性需求。对于住宅建筑,每套住宅应设置≥1 个家居配电(线)箱,宜暗装在套内走廊、门厅或起居室等便于维修及维护处。

由于户内配电(线)箱进出管线较多、尺寸较大,在每个楼层的位置又相同,为确保结构的安全性,应尽量将配电(线)箱设于非承重、非预制的墙体上;如果建筑的预制率较高,必须将其设于预制墙体上,且应在设计时掌控好配电(线)箱的尺寸,以防预留的洞口不合适,后期不便处理。

选取户内配电箱位置时,应尽量避免入户管线与户内分支线管相交叉。户内配电箱的入户线缆外径较粗,工程上一般采用 3 mm×10 mm 的 BV 导线,穿线管外径一般为 32 mm 左右(按不大于内孔截面面积的 27.5%计算),有些地区因当地供电部门要求集中管理,需将电表箱集中设置于地下一层;而对于高层建筑,由于受电压降的影响,部分楼层入户线缆需选用 3 mm×16 mm 的 BV 导线,所以穿线管外径尺寸会更大。

户内分支线中插座回路的管线较多,穿线管管径一般为 20 mm,加上楼板内钢筋网(横向及纵向)的直径(一般采用 Φ8 mm 的钢筋)与 15 mm 厚的混凝土保护层,叠合楼板现浇层的厚度将会达到 83 mm,因此叠合楼板的现浇层厚度需达到 90 mm 才可满足要求。为了避免入户管线与户内分支线之间的交叉,降低叠合楼板现浇层的厚度,宜将配电箱设于靠近户外公共走廊的墙体上或靠近入户门处。

由于弱电线缆较细,且大部分地区都已实现三网融合,弱电进线一般采用一根 2 芯光纤,入户管线与户内分支线管管径相同,对于楼板厚度几乎没有影响,因此在选取户内配线箱的位置时,主要考虑结构的安全性及建筑的美观性。

5.5.3　点位预留

为方便和规范构件制作,在预制构件中预留的箱体、接线盒应遵照预制件的模数,在预制构件上进行准确和标准化定位。在预制墙体上设置的插座、开关、弱电设备、消防设备等需要在设计阶段提前预留接线盒。另外,叠合楼板内的照明灯具、消防探测器等设备需要预留深型接线盒,以便与叠合楼板现浇层内的管线相连接,接线盒的具体位置应先由电气专业做初步定位,再由结构专业做精确定位。

5.5.4　点位综合

电气专业系统众多,每个系统都有单独的一套图纸,为确保预制构件中的设备点位齐全,避免在施工现场进行剔凿、切割时伤及预制构件,应将各系统所需的预留孔洞、预埋件综合在一张图纸上,方便查漏补缺的同时也便于检查各个系统间的设备点位是否存在冲突、管线路径是否重合,在设计阶段能够及时发现问题并将其解决。

5.5.5　管线预留

设备管线应进行综合设计,减少平面交叉,由于装配式建筑的特殊形式,其内部的管道综合尤为重要。当水平管线必须暗敷时,应敷设于叠合楼板的现浇层内,采用包含 BIM 技术在内的多种手段开展三维管线综合设计,避免在同一地点出现多根电气管线交叉敷设的现象。

装配式混凝土建筑中,电气竖向管线宜集中敷设,以满足维修更换的需要;装配式钢结构建筑中无须穿钢梁的竖向管线宜集中敷设,必须穿钢梁的竖向管线宜分散敷设以确保结构的安全性。

此外,装配式钢结构建筑应尽量避免竖向管线穿越钢梁及在有梁处布置需要由顶板敷设至墙面的管线。公共区域应尽量选用灯头自带声光控开关的灯具,声光警报器、应急广播尽量选用吸顶安装的方式,另外可通过电井内明敷的方式减少穿钢梁的暗埋管线。

5.5.6　管线衔接

管线间的衔接十分关键,主要分为预制构件之间的管线及预制构件与现浇层中管线之间的衔接,若衔接不好,轻则影响建筑的美观,重则会破坏结构的墙体以及梁板。

对于插座、户内配电(线)箱等,由于管线是由设备向下敷设至本层楼板内的现浇层,与现浇层内的水平管线连接以确保管线之间能够顺利连接,所以通常在预制墙体下方的连接处留有管线连接孔洞。

对于户内的照明开关、公共区域的手动报警按钮和消火栓按钮、安全出口指示灯具等设备管线需要与上一层叠合板现浇层内的水平管线连接,通常在预制墙体上方的连接处留有管线连接孔洞。

由于向上敷设管线需要穿结构梁,因此预制混凝土结构梁应提前在叠合梁中预留管线;钢结构梁需提前预留孔洞(预留位置不应影响结构安全),以便于预制墙体中的竖向管线连接。

5.5.7　防雷与接地

装配式建筑的防雷等级划分原则、防雷措施以及接地做法等与非装配式建筑相同,且均是优先利用钢筋混凝土中的钢筋作为防雷装置,区别主要在于防雷接地的具体做法。建筑的防雷设计首先要确定防雷等级,然后采取相应的防雷措施。防雷措施又分为外部防雷(直击雷、侧击雷)措施、内部防雷(防闪电感应、防反击及防闪电电涌侵入和防生命危险)措施以及防雷击电磁脉冲。

在防直击雷措施方面,装配式建筑与现浇建筑相同,均是在屋顶设置接闪器,利用柱内或剪力墙内钢筋作为防雷引下线,借用建筑物基础内的钢筋作为接地极,其中接闪器以及接地极的做法相同,主要的差异在于防雷引下线的做法:对于装配式钢结构建筑,可以将钢结构中的钢柱作为防雷引下线;对于装配式混凝土建筑,可以将预制混凝土结构柱或剪力墙内满足防雷要求的钢筋作为防雷引下线,并确保接闪器、引下线及接地极之间通长、可靠的连接。

装配整体式框架结构中,框架柱的纵筋连接宜采用套筒灌浆连接;装配整体式剪力墙结构中,预制剪力墙竖向钢筋的连接可根据不同部位,分别采用套筒灌浆连接、浆锚搭接连接。套筒灌浆连接与浆锚搭接连接做法大同小异,即一侧柱体端部为钢套筒,另一侧柱体端部为钢筋,钢筋插入套筒后注浆,钢筋与套筒之间隔着混凝土砂浆。由于钢筋之间不连续,不能满足电气贯通的要求,因此若采用实体柱内的钢筋作为防雷引下线,同时连接处采用套筒灌浆连接或浆锚搭接连接,则连接处需采用同等截面面积的钢筋进行跨接,以达到电气贯通的目的。

在防侧击雷措施方面,装配式建筑防侧击雷的设计难点在于均压环和外墙上的栏杆、门窗以及太阳能热水器、太阳能面板等较大金属物防雷接地的做法:现浇建筑一般将结构圈梁内满足防雷要求的主筋可靠连接作为均压环;装配式混凝土建筑的结构梁一般可以将叠合梁(圈梁)现浇层中满足防雷要求的主筋可靠连接作为均压环;装配式钢结构建筑的圈梁为钢结构且施工时均可靠连接,可以直接利用每层的钢结构圈梁,将其作为均压环。

外墙上的栏杆、门窗以及太阳能面板等较大金属物防侧击雷的做法同现浇建筑相同,即通过防雷接地预埋件与防雷引下线可靠连接。对于可以直接连接到均压环的金属物,则可以通过防雷接地预埋件与均压环可靠连接;无法直接连接到均压环(一般每 3 层设置一均压环)的楼层,其金属物可以通过叠合梁现浇层内符合防雷接地要求的主筋或单独敷设扁钢与防雷引下线可靠连接。装配式钢结构建筑通过预埋件与钢结构圈梁可靠连接即可满足防侧击雷的要求。

总之,在做预制工程时,电气设计人员应该做到以下几点:

(1)要细致地分析客户的需求,准确计算用电设备的数量。

(2)电气专业与土建专业协同确定楼板、外墙等预制板上的开孔、开槽尺寸及位置,并编制安装说明。

(3)要注意开孔、开槽对预制构件本身的影响,避免造成预制构件受损。应尽量减少预制构件的开孔、开槽数量,多利用楼板现浇层、外墙保温层等区域敷设配电管和安装插座、接线盒等设备。

(4)标记好预制构件中的预埋电气配电管位置。

5.6　支吊架

支吊架系统是建筑安装行业中不可或缺的因素,主要负责提供给排水管道、电缆桥架和母线、风管(简称水、电、风)等基础管线安装的固定平台。按照上海地区定额计算,安装工程产值占建筑总产值的20%;而支吊架的安装产值占安装工程的2%,随着建筑安装行业的迅速发展,支吊架行业也将获得同步发展。

目前,我国建筑安装市场份额的90%以上仍采用传统焊接支吊架。焊接支吊架的制作工艺一般是:采用槽钢、角钢等型材在施工现场进行切割、煨弯、焊接、钻孔、刷油漆等。传统焊接支吊架存在以下不足:

(1)浪费材料:焊接支吊架在制作过程中经常因尺寸偏差而导致返工或报废,安装过程中也会出现因支吊系统局部调整,使已制作好的构件无法使用,从而造成材料浪费。

(2)有安全隐患:型材切割、焊接过程中,火花四溅、粉末飞扬,造成火灾隐患。

(3)污染环境:切割、焊接过程中会产生噪声、弧光和粉尘烟雾,刷漆过程中又会产生刺激性气味,均导致环境污染。

(4)安装成本高:焊接支吊架的制作、安装需要施工现场具备条件,需要将切割机、焊机等工具设备搬运到现场,不同工种的众多人员按进度参与,工序多、耗时长,导致安装成本高。

(5)影响美观:焊接支吊架不是标准化产品,制作、安装标准不统一,因此外观粗糙,整体美观性较差。

(6)维护成本高:后期维护、修理改造均不方便,不能循环利用。

5.6.1　装配式支吊架简介

装配式支吊架也称为组合式支吊架。装配式支吊架的作用是将管道自重及所受的荷载传递到建筑承载结构上,并控制管道的位移,抑制管道的振动,确保管道安全运行。支吊架一般分为与管道连接的管夹构件,与建筑结构连接的生根构件,将上述两种结构件连接起来的承载构件和减振构件、绝热构件及辅助钢构件等。除可满足不同规格的风管、桥架、系统工艺管道的应用,尤其可在错层复杂的管路定位和狭小管笼、平顶中施工外,装配式支吊架更可发挥灵活组合技术的优越性。它的特点如下:

(1)具有固定支架的稳定性、抗震性能;

(2)具有丝杆悬吊支架的经济性、可靠性;

(3)具有灵活快捷的任意可调性、方便性。

装配式支吊架与钢结构、混凝土结构的连接见图5-1、图5-2。

5.6.2　装配式支吊架的优势

装配式支吊架的出现,是建筑安装行业发展到一定阶段的必然产物。欧美发达国家自20世纪80年代就已经开始实行支吊架的标准化生产和安装,而我国在近几年才刚刚起步。可以预见,装配式支吊架替代传统焊接支吊架是安装行业发展的必然趋势,因为装配式支吊架真正做到了"工厂预制、现场装配",其优点可归纳为:

图 5-1　装配式支吊架与钢结构的连接

图 5-2　装配式支吊架与混凝土结构的连接

（1）工厂内制作，现场装配施工时无须切割、动火、焊接；

（2）采用镀锌材料，现场无须涂刷防腐油漆，整齐美观；

（3）用料比传统型钢少，节约钢材约 10% 以上；

（4）减少高空作业和现场材料的运输量；

（5）机械化装配，减少人力成本，缩短工期，提高安装效率和安全性。

（6）组合式构件，装配式施工，便于后期管线的维护或更改。

装配式支吊架符合现阶段发展要求的原因是安装简单，只需 1~2 个普工进行配合，在工具上只需手动扳手或电动扳手，而在能源消耗上更低，不存在任何污染。

工厂化预制的优点非常明显：工厂机械化流水线制造比现场人工制造，要大大提高生产效率，并且不受天气、土建和设备安装条件的限制，不受其他施工进度的影响。可以依据订单，预先独立制造，等到安装条件具备，即可运至现场装配，大大缩短工期。

"工厂预制、现场装配"，是安全高效、节能环保、文明施工的必然选择。因此，装配式支吊架符合节能环保、绿色施工的建筑安装潮流，值得大力推广和应用。

5.6.3 装配式支吊架所面临的问题

（1）在支吊架设计选型及施工指导方面缺乏技术支持。

当前国内大多建筑安装企业的技术人员对于传统管线支吊架的设计较为熟悉，但对于装配式管线支吊架的设计却很少涉及。随着技术人员新老交替，年轻一代的技术人员虽然对于作为新技术、新产品的装配式管线支吊架接受较快，但是缺乏建筑安装管线支吊架设计的实践经验，对于装配式管线支吊架的材料、型式等的设计选型往往无所适从，更谈不上对支吊架的安装施工进行技术指导。

（2）缺乏对支吊架系统整体、规范的设计能力，导致安装工程造价成本偏高。

①当前国内建筑安装企业在综合管线布排以及深化布排设计方面较为成熟，但在装配式管线支吊架布点、设计、计算、制图、列出料表清单等整体设计方面缺乏系统规范性，其结果往往导致在安装工程中管线支吊架的使用数量及安装工作量偏多，增加了工程造价成本。

②在支吊架设计过程中对于因温差、压差等导致的管道位移、滑动、晃动等状况所需采用的相关配置的选用没有充分的依据。

③在深化布排设计过程中对于装配式管线支吊架的型式、结构搭配缺乏科学合理的方案。比如：如何在对荷载受力进行规范精确计算的基础上，结合施工现场实际状况，对单一、综合，轻型、重型等支吊架型式搭配选用，以满足工程安装的要求，且有效降低工程造价成本。

（3）有关 BIM 支吊架设计软件的开发、应用滞后。

当前国内建筑安装企业越来越重视 BIM 技术在安装工程设计中的应用，但是有关 BIM 支吊架设计软件的开发、应用滞后，未能做到将设计选用的支吊架型式利用 BIM 软件生成后，导入到工程整体 BIM 系统中。

（4）管径 DN300 以上的重型装配式管线支吊架的设计、生产受限。

当前国内建筑安装工程中设计选用的装配式管线支吊架大多仅限于管径 DN300 以下的轻型支吊架。因技术受限，对于管径 DN300 以上的重型装配式管线支吊架的设计缺少规范、标准及指导经验。同时，对于重型装配式管线支吊架的生产制作缺乏成熟工艺、质量标准以及配套的机器设备、工装夹具等，因而不能满足建筑安装工程对重型装配式管线支吊架的需要。

（5）装配式管线支吊架的预组装、安装等缺少操作经验及配套工具。

当前国内建筑安装工程中对于装配式管线支吊架的应用还处于初级阶段，大多安装公司对于装配式管线支吊架的使用、安装缺少经验，安装工人大多缺少预组装、安装等操作经验，但是安装公司又无专业人员可对安装工人进行培训或进行现场施工技术指导，而且缺少现场二次加工所需的配套工具，从而导致支吊架的预组装、安装等方面存在很多盲点及隐患。

推广、应用装配式管线支吊架是建筑安装材料技术领域的新课题，对现场施工"安全环保""节能减排""经济高效"等都具有十分重要的现实意义。目前，装配式管线支吊架在国内建筑安装市场上的推广应用虽然还处于起步阶段，但是从上海、苏州、北京等大城市的部分建筑安装工程对装配式管线支吊架的使用情况来看，使用装配式管线支吊架达到了标准化，为施工企业节约了大量的材料成本和人力成本，提高了安装质量和施工观感效果，同时大大提高了施工安全性,有效避免了建筑火灾事故的发生。毋庸置疑,装配式管线支吊架的应用前景非常广阔。

复习思考题

1.装配式建筑机电安装的基本原则有哪些?

2.消火栓所连接管道的预留做法是什么?

3.BIM 技术的应用对于支吊架设计将会产生什么样的影响?

4.装配式支吊架的优势有哪些?

5.简述装配式建筑机电安装的发展前景。

第6章 装配式装饰装修

以前的装配式建筑仅注重主体结构的装配化,而忽略了装修及建筑设备的装配化,造成最终产品的整体工业化程度不高,综合效益不明显。装配式建筑应该以最终建筑产品为对象,而不仅仅是主体结构,应将基础工程、主体工程、砌筑工程、屋面工程、装饰工程、建筑设备工程(包括水电安装、空调通风采暖、厨房卫生设备等)都纳入装配式建筑的范畴之中,研究与此相关的预制装配问题。

近几年来,装饰装修材料的发展日新月异,新材料、新产品不断涌现,但装修工艺及装修技术发展较慢,尤其是装修工艺的落后已经阻碍了装修业的发展。传统的装修工艺是以施工现场为加工点,进行裁、剪、锯、钉、刨、磨、油、漆等,这种传统的工艺劳动强度大、材料浪费大、施工工期长、工程造价高,工程质量难以保证,且有二次污染。

随着设计水平的提高、产业化过程的加快,装饰材料市场上出现了装饰材料的成品及半成品,这就激发了装配式装修的萌芽。在国务院提出装配式建筑占新建建筑比例要达到30%的形势上,装配式建筑的发展势不可当。但是直到目前,因产品工艺、安装技术及与之相配套的一些配件尚未完全开发出来,加之装饰材料成品不完善,使得装修业不能从根本上改变落后的施工工艺。如果装配式装修得以实现,将是装饰业的一次革命,会产生巨大的经济效益和社会效益。

6.1 概　述

装配式建筑的装修意味着新设计、新建材、新的施工工艺,是整个建筑装修业的新概念和新的生产方式。装配式建筑装修体系既是技术支撑体系,涉及装修的各个方面、各个工序,又是生产组织体系,涉及设计规划、生产施工、材料供配、经济核算、性能评价等方面,应运用系统方法,形成完整的生产发展过程,求得高速、高质和高效。

"装配式装修"这个概念是随着建设部 2002 年颁布的《商品住宅装修一次到位实施导则》而诞生的,《商品住宅装修一次到位实施导则》中指出,坚持住宅产业现代化的技术路线,积极推行住宅装修工业化生产,提高现场装配化程度,减少手工作业,开发和推广新技术,使之成为工业化住宅建筑体系的重要组成部分。该导则清晰地指明了"装配式装修"的主要特点,具体如下:

(1)工业化生产。装配式装修立足于部品、部件的工业化生产,装修中多使用标准化的部品、部件,装修的精度和品质大大优于传统装修方式。

(2)装配化施工。有了大量工业化生产的标准化部品、部件做支撑,装修施工现场实现装配化成为可能。和落后的手工作业施工工艺不同,装配化施工减少了大量现场的手工制作,施工现场如同车间生产线的延伸,产业工人按照标准化的工艺进行安装,从而大大提高了装修质量。

（3）装配式装修是装配式建筑体系的重要组成部分。装配式装修不是孤立的体系，而是装配式建筑体系中的一部分，装配式装修的实施和建筑体系中的结构体系、部品体系等都密切相关。所以，不将其放置于建筑体系中整体考虑就无法正常实施运行。

基于以上三个特点可以提出"装配式装修"的基本概念，即采用工业化生产的部品、部件进行现场装配施工的装修工艺，是装配式建筑体系的重要组成部分。与传统建筑装修模式相比，装配式装修具有很强的优势，对社会生活和经济发展都具有极其重要的意义。装配式装修具有的优点及其意义体现在以下几个方面：

（1）装配式装修能够有效提高劳动生产力。传统建筑装修工序多、以手工操作为主，使装修效率难以提高。而装配式装修是建立在装修部件产品的模数化、标准化和工厂化的基础上，用工厂化的预制型装修逐步代替传统的现场式装修，使生产效率大大提高。装配式装修以工业化、社会化大生产的方式进行建筑装修，能缩短建设周期，提高建筑生产的劳动生产率，满足社会需求，同时将整个行业和企业经济效益的提高建立在提高劳动生产率的基础上。

（2）装配式装修提高装修的速度和质量。传统建筑的装修生产方式生产效率低，施工周期长，受现场条件的制约和影响，质量也难以得到保证。装配式装修的部件在工厂里的生产线上进行，生产过程和生产环境能得到科学、有效的控制，因而也有利于施工质量的提高和生产周期、成本的控制，能加快装修的速度，提高技术含量，保证质量稳定性。

（3）装配式装修消除了对结构的破坏，保证了建筑的安全性。传统的装修方式，施工人员的素质较低，对建筑结构安全性的认识不足，在缺少监控的情况下，时常有破坏性装修发生，如拆改承重墙、随意扩大门窗洞口的尺寸等，造成极大的安全隐患，甚至导致房倒屋塌事件。装配式装修的设计、生产、施工是建立在科技进步和综合控制的基础上的，因而能在设计、施工过程中充分考虑到结构安全性，有效地避免对建筑结构的破坏，保证了建筑物的正常、安全使用。

（4）装配式装修避免了装修引起的环境污染。传统的装修方式是在原材料进场后进行制作，并不对材料环保性进行检测和控制，在制作过程中有害气体的释放，废水、废料的排放通常会造成很大的环境污染。装配式装修的主要生产过程是在工厂里进行，由于主要材料，如胶合板、油漆、黏合剂等的环保性可以得到严格的检测和控制，在生产过程中产生的废水可进行集中处理后循环利用，废料也可进行回收再利用，装修部件的环保性能得到有力保证，保证了装修的环保性，实现了可持续发展。

（5）装配式装修大大降低了施工噪声，解决了施工扰民问题。传统的装修施工噪声大，扰民严重，已成为装修公害之一，其根本原因在于落后的施工工艺和机具设备不可避免地造成很大噪声，严重扰乱了附近居民的正常生活。装配式装修主要工作是在工厂里集中进行的，现场作业量大大减少。装配式生产方式和先进的机械设备的配合，使噪声降到最小，而且现场施工时间的大大缩减，也很大程度上避免了给周围居民造成的不利影响。

2002 年建设部颁布《商品住宅装修一次到位实施导则》后，全国商品住宅市场全装修住宅销售比例开始明显上升。一些经济发达地区如北京、上海、深圳、江苏、山东等，更是走在了大力推行建设全装修建筑的前列。深圳作为首个国家住宅产业化综合试点城市，在 2007 年 9 月首次召开的全市住宅产业化工作会议上提出，力争在 2008 年全市全装修住宅销售比例达到 30%，并力争在 2010 年消灭毛坯房；南京、杭州等城市 2008 年全装修住宅比例也都达到 50%。

6.2 装配式装饰装修组成系统

一套成熟的装配式装饰装修整体解决方案包括八大系统:集成卫浴系统、集成厨房系统、集成地面系统、集成墙面系统、集成吊顶系统、生态门窗系统、快装给水系统及薄法排水系统,如图 6-1 所示。"管线与结构分离,消除湿作业,摆脱对传统手工艺的依赖,节能环保特性更突出,后期维护翻新更方便"是装配式装修的核心价值,其在为客户降低成本和减少工期的同时又保证了产品的质量,避免了二次污染。

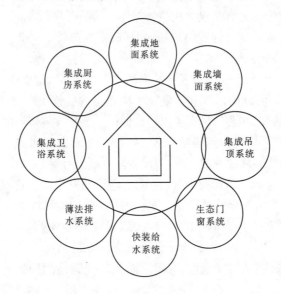

图 6-1 装配式装修的八大系统

6.2.1 集成卫浴系统

集成卫浴系统如图 6-2 所示。

(1)墙面防水:墙板留缝打胶或者密拼嵌入止水条,实现墙面整体防水。

(2)地面防水:地面安装柔性整体防水底盘,通过专用快排地漏排出,整体密封不外流。

(3)防潮:墙面柔性防潮隔膜,引流冷凝水至整体防水地面,防止潮气渗透到墙体空腔。

(4)浴室柜:可根据卫浴尺寸量身定制防水材质柜体,匹配胶衣台面及台盆。

(5)坐便器:定制开发匹配同层排水的后排坐便器,契合度高。

集成卫浴系统优势:柔性整体防水底盘,整体一次性集成制作,防水密封及可靠度好,可变模具快速定制各种尺寸;整体卫浴全部干法作业,现场装配效率高;专用地漏满足瞬间集中排水,防水与排水相互堵疏协同,构造更科学;地面减重 70%;整体卫浴空间及部件,结合薄法同层排水一体化设计,契合度高。

图 6-2　集成卫浴系统

6.2.2　集成厨房系统

集成厨房系统如图 6-3 所示。

（1）柜体：橱柜一体化设计，实用性强。

（2）台面：定制胶衣台面，厚度可定制，容错性高，实用性强，耐磨。

（3）排烟：排烟管道暗设吊顶内，采用定制的油烟分离烟机，直排、环保、排烟更彻底。

集成厨房系统优势：柜体与墙体预留挂件，契合度高；胶衣台面耐磨、抗污、抗裂、抗老化，无放射性；整体厨房全部干法作业，现场装配率高；无须排烟道，节省厨房空间。

图 6-3　集成厨房系统

6.2.3　集成地面系统

集成地面系统如图 6-4 所示。

（1）架空地脚支撑定制模块，架空层内布置水暖电管。

（2）调平地脚螺栓，对0~50 mm楼面偏差有强适应性。

（3）采暖地暖管模块内保温板布管灵活。

（4）保护配置可拆卸的高密度平衡板，耐久性强。

（5）采用超耐磨集成仿木纹免胶地板，快速企口拼装。

集成地面系统优势：大幅度减轻楼板荷载；支撑结构牢固耐久且平整度高；保护层的平衡板热效率高；现场装配效率提升；作业环境友好，无污染、无垃圾。

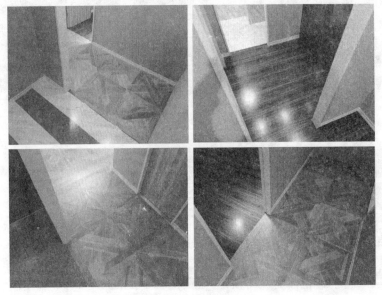

图6-4　集成地面系统

6.2.4　集成墙面系统

集成墙面系统如图6-5所示。

（1）分隔：轻质墙适用于室内任何分室隔墙，灵活性强。

（2）隔音：可填充环保隔音材料，起到降噪功能。

（3）调平：对于隔墙或结构墙面，专用部件快速调平墙面。

（4）饰面：墙板基材表面集成壁纸、木纹、石材等肌理效果。

集成墙面系统优势：大幅度缩短现场施工时间；饰面仿真性高，无色差，厨卫饰面耐磨又防水，适用于不同环境；墙板可留缝，可密拼；免裱糊、免铺贴，施工环保，即装即住。

6.2.5　集成吊顶系统

（1）调平：专用几字形龙骨与墙板顺势搭接，自动调平。

（2）加固：专用上字形龙骨承插加固吊顶板。

（3）饰面：顶板基材表面集成壁纸、油漆、金属效果。

集成吊顶系统优势：龙骨与部品之间契合度高；免吊筋、免打孔、现场无噪声；施工简单，安装效率提高。

图 6-5　集成墙面系统

6.2.6　生态门窗系统

生态门窗系统如图 6-6 所示。

(1)内嵌:门扇由铝型材与板材嵌入结构,集成木纹饰面。

(2)冷轧:门窗、窗套镀锌钢板冷轧,表面集成木纹饰面。

生态门窗系统优势:套装门防水、防火、耐刮擦、抗磕碰、抗变形;窗套防晒、耐水、耐潮、耐老化;无甲醛,生态环保;装配效率高。

图 6-6　生态门窗系统

6.2.7 快装给水系统

快装给水系统如图 6-7 所示。即插水管通过专用连接件实现快装即插,卡接牢固。

快装给水系统优势:易操作、工效高;质量可靠、隐患少;全部接头布置于顶内,便于翻新维护。

图 6-7 快装给水系统

6.2.8 薄法排水系统

薄法排水系统如图 6-8 所示。

薄法排水系统构造如下:

(1)在架空地面下布置排水管,与其他房间无高差,空间界面友好。

(2)同层所有 PP 排水管胶圈承插,使用专用支撑件在结构地面上顺势将水排至公共区管井。

薄法排水系统优势:同层排水规避排水时下层噪声,提升居住体验质量;PP 材质耐高温、耐腐蚀性提高;空间利用率高;胶圈承插施工易操作、隐患少;便于在公共区集中检修,维修时不干扰下层。

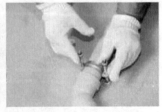

图 6-8 薄法排水系统

6.3 装配式装饰装修实例

北京郭公庄一期公共租赁住房项目位于北京市丰台区花乡地区,规划建设用地面积 58 786 m²,总建筑面积 21 万 m²。住宅建筑面积 13 万 m²,建筑高度 60 m,建筑层数为 21 层。采用开放街区、混合功能、围合空间规划理念,建筑结构与内装均采用装配式。项目采用工程总承包模式,总包商为北京城建建设工程有限公司,由北京和能人居科技有限公司完成从装修一体化设计到部品工厂生产、现场装配等装配式装饰装修环节。项目于 2013 年 10 月开工,2016 年 10 月开始装修,已于 2017 年 6 月交付。项目鸟瞰图、建筑单体效果图分别如图 6-9、图 6-10 所示。

图 6-9 项目鸟瞰图

图 6-10 建筑单体效果图

6.3.1 装配式装饰装修技术应用情况

项目采用标准化设计,一居室建筑面积 40 m^2 左右,两居室建筑面积 60 m^2 左右,其中 A1 户型占比超 77%,户型的标准化设计在一定程度上保证了预制构件模具的重复利用率,有效地降低了预制构件生产的成本,利于工业化建造。

项目采用装配式装饰装修系统解决方案,涵盖厨卫、给水排水、强弱电、地暖、内门窗等全部内装部品,形成全屋装配式装饰装修八大系统,即集成卫浴、集成厨房、集成地面、集成墙面、集成吊顶、生态门窗、快装给水、薄法排水。项目基本实现了采用干法施工、管线与结构分离和部品工厂化生产。

(1)一体化设计。

装配式装饰装修的设计理念从项目的建筑设计阶段便开始植入,形成建筑与内装的无缝对接,便于交叉施工,提高效率。

(2)管线分离技术。

北京郭公庄一期公共租赁住房项目中的管线与墙体是分离的,不需要预埋,管线布置在架空层,并且接口位置集中,利于检测和维修。

在快装给水系统中,将即插水管通过专用连接件连接,实现快装即插、卡接牢固。接口集中布置在吊顶上,利于后期检测、维修。在薄法排水系统中,在架空地面下布置排水管,所有 PP 排水管胶圈承插,使用专用支撑件在结构地面上顺势将水排至公共区管井,维修便利且不干扰邻里,经装配式装饰装修的优化设计,卫生间无须降板。

(3)干法施工。

项目在全屋装配系统中基本无湿法作业。传统施工中的抹灰找平等湿法作业,在项目中采用架空、专用螺栓调平替代。现场装配环节,工人用螺丝刀、手动电钻、测量尺等小型工具就能完成全程安装,作业环境整洁安静,节能环保。

如在集成墙面系统中,分室隔墙采用轻钢龙骨轻质墙,内装空间可根据住户需要灵活调整,通过填充环保隔音材料,保证墙体隔音效果。

在集成地面系统中,采用架空地脚支撑定制模块,地脚螺栓调平,架空层内布置水暖电管,用可拆卸的高密度平衡板进行保护,铺设超耐磨集成仿木纹免胶地板,快速企口拼装完成。地暖模块的保护层热效应利用率高,整套集成地面系统每平方米仅为 40 kg,大幅度减轻了楼板荷载。

在集成吊顶系统中,吊顶采用工厂生产的吊顶板通过专用龙骨与墙板顺势搭接,专用龙骨承插加固吊顶板,顶板基材为硅酸钙板,表面集成覆膜效果,增强美观性。

(4)对特殊功能区的处理。

在集成卫浴系统中,重视防水、防潮的处理。墙面用柔性防潮隔膜材料,将冷凝水引流到整体防水地面,以防止潮气渗透到墙体空腔;墙板留缝打胶处理,实现墙面整体防水;地面安装柔性化生产的整体防水底盘,通过专用快排地漏排出,整体密封不外流;浴室柜柜体采用防水材质,匹配胶衣台面及台盆。

在集成厨房系统中,重视防水、防油污。厨房装修材料采用涂装材料,定制胶衣台面,防水、防油污且耐磨;排烟管道暗设吊顶内,采用定制的油烟分离烟机,直排、环保,排烟更彻底。

6.3.2 部品生产、技术应用情况

项目的部品完全工厂化生产,部品之间协同提升了装配式装饰装修施工效率。

部品化、模块化提升了安装效率。所有产品在工厂车间完成生产制造之后,形成模块化,项目装修现场各个模块快速完成安装。

在生态门窗系统中,在工厂分别完成门套和门扇的生产。门套用镀锌钢板冷轧工艺,安

装铰链,表面集成木纹饰面;门扇由铝型材与增强龙骨及填充物嵌入结构,门板制作安装,集成木纹饰面,形成防火等级可达 A 级的生态门部品。最后在施工现场完成门扇与门套安装。

柔性化生产提高了适用性。项目中门窗套、地暖模块等很多部品都是采用柔性化生产,卫生间柔性化制造的整体防水底盘采用可变模具实现各户型不同尺寸的快速定制,整体一次性集成制作,以达到防水、密封的效果。

专用部件提升了系统功能。项目采用了很多针对装配式装饰装修开发的专利产品。卫生间采用的是配合装配式装饰装修工法的专用地漏,瞬间集中排水,防水与排水相互堵疏协同,结合薄法同层排水一体化设计。专用部件与系统的契合度更高。

6.3.3 成本和效益分析

从用工、用时方面来看,传统装修方式,60 m² 的两居室,10 多个工人 2~3 个月才能完成;项目采用的装配式装饰装修方式,60 m² 的两居室 3 个工人 10 天即可完成。传统装修中,2 个工人 1 天装 3 套门;装配式装饰装修中,2 个工人 1 天可以装 30 套门。从全生命周期的成本测算,装配式装饰装修能降低人工成本,节约工时,综合比传统装修整体节约工费60%。

从节能环保角度来看,项目装配式装饰装修整体作业环境友好,无污染、无垃圾、无噪声。项目采用干法施工,与传统装修相比,节水率达到 85%;由于工厂化施工产品的精准度大幅提升,避免了原材料浪费,与传统施工相比节约用材达到 20%;节能方面,全程节能降耗率达到 70%。尤其地暖模块,充分利用保护层的平衡板阻止热量向地面传导,热效率得到极大提高。

综上所述,项目的装配式装饰装修充分体现了我国装配式建筑发展的理念,符合"适用、经济、安全、绿色、美观"的要求,并且满足公租房快速翻新、环保耐用的特定需求,具有良好的发展前景。

6.4 装配式装饰装修的发展前景

我国装配式建筑进程正在提速,依托装配式建筑试点推广生态环保、质量卓越、实惠舒适的装配式装修建筑,正在成为未来新建建筑的主旋律,八大系统的全方位优势不仅改善和优化了传统建筑模式的种种弊端,也开启了整个建筑装修业的全新阶段。

但是装配式装饰装修的发展仍较慢,业内对装配式装饰装修难以在市场上推广有过很多相关的分析,归结起来有以下几个观点:一是认为装配式装饰装修市场的接受程度有限,无法满足客户装修个性化的需求;二是装修部品、材料不配套;三是技术不成熟,质量不过关;四是成本过高;五是和传统的土建施工无法结合;六是国家政策还不配套。

分析这些问题的实质可以发现,装配式装饰装修在市场上能顺利开展必须解决好四个最基本问题:一是装配式装饰装修的市场;二是工业化部品相关问题;三是装配式工法体系的问题;四是接口技术。

(1)市场定位。装配式装饰装修源于住宅产业化、全装修建筑,从事装配式装饰装修的企业在战略定位时自然会首先将市场定位在商品住宅领域。但是否所有建筑都适合装配式装修,一些企业经过一段实践后碰到了不少问题,如市场接受程度、与个性化需求的矛盾、成本问题等。这些问题使得企业不得不重新思考装配式装修的市场定位。

装配式装修工业化、标准化、装配化等主要特点带来的直接优势是:装修质量优、装修工期短、施工操作简单、施工人数减少等。但现阶段也存在劣势,如成本较高、标准化产品和个性化需求存在冲突等。如何扬长避短成为重新定位市场的关键。工业化、标准化的特质决定了装配式装修最适合的市场是具备一定数量的标准化功能空间。具有这样特征的空间不仅局限于住宅,例如,酒店的标准客房,尤其是一些经济型酒店的标准客房、学校的标准教室、医院的标准病房、写字楼的标准办公室等。在住宅领域需要进一步细分,并不是所有的商品住宅都是装配式装修的目标市场,如别墅等在目前中国市场不适用于标准化的装配式装修,但普通商品住宅的全装修是一个极大的市场。

关于全装修和装配式装修如何解决个性化的问题,业界提出了很多思路,如"重装饰,轻装修"等,但是企业在做市场定位时,必须客观、清醒地面对标准化与个性化的矛盾——装配式装修标准化的特质和客户对装修个性化的需求的确存在冲突。与其要求全部将标准化的装修加上装饰后"塞"给某些对个性化有特殊需求的客户,不如将标准化研究好,细分好自己的市场。

(2)工业化部品。与装配式装修的特点相对应,如何建立一个有效的、极大丰富的工业化部品,是在战术层面上需要解决的三大基础课题之一。

装配式装修使用的材料是工业化的部品部件。装修涉及的部品部件种类繁多,一套住宅用到的部品部件就多达上百种,同一种部品市场上又有不同的厂家和品牌,如何选择使得装修质量、效果最优,这对于装配式装修企业来说是一个重要课题。建立企业自己的工业化部品库是行之有效的解决途径,这样才能在应对不同项目时真正做到信手拈来。不论是开发企业还是施工建设企业都有自己比较熟悉、经常使用的材料和产品,久而久之形成相对固定的供应商伙伴关系,这实际上就是部品库的雏形。

目前,我国建筑部品总体特点是产品极大丰富,但配套不够,缺少接口标准;各类部品都遵循自身标准,缺乏统一部品类标准。但是,建立具有企业自身特色的部品库已经具备条件。第一,针对目标市场,建立企业自己的部品分类标准。第二,逐步完善各部品的选用、使用标准。第三,根据标准筛选部品部件。这个过程需要考察部品的质量,部品生产商的实力、信誉,部品市场适用情况、价格、运输与物流等。第四,将符合要求的部品纳入公司动态数据库,并由专人管理,保证数据及时更新。第五,根据部品在项目中的运用情况,进一步完善、编制企业部品标准,并指导研发新产品,同时和工法标准接口。上述五个步骤包含着极大的工作量,是企业的一项基础工程。

(3)装配式工法体系。装配式装修另一个关键环节就是装配式施工。和传统装修方式不同,装配式装修应用了大量工厂化制作的标准化部品部件,装修现场的施工工艺发生了很大的变化。原来靠不同工种手工操作来完成的工序现在被分解、简化成标准的安装步骤;现场施工的工人更像是产业工人在生产线上进行装配。所以,装配式装修现场就像一个总装车间,企业只是将工厂生产线延伸到了施工现场。

装配式施工的精细化特点要求必须建立一套符合企业特点的"装配式施工工法体系",这是确保施工质量的关键。工法体系包括两个方面的内容:一是施工工艺(技术体系),具体应包括按照合理的施工组织设计,将各分部分项工程分解为可控的安装步骤,确定各步骤的安装要点,不同部位安装的先后顺序,各步骤用工人数、用工时间等。二是施工管理(质量管理体系),应建立包括安装全过程的质量管理体系。具体内容有:原料部品控制(包括现场检验、堆放、保护等),安装过程控制(包括各步骤的检验、步骤交接检验、总验收及检验标准等),各部分控制的记录,对员工的考核(包括效率和质量两方面内容)等。

建筑业要向制造业学习,学的就是质量管理体系。可以看出,装配式施工就是在装修阶段实施工厂化的管理,将施工建造尽可能向工业制造的模式转移。目前,国内有些企业已经开始做这方面的尝试,并在一些项目中实施装配式装修。据海尔介绍,装修工厂化管理具有三个方面的主要特征:一是生产管理精细化,分工明确,职责到人;二是物料供应标准化,物料按每件产品、每道工序所需,进行定时、定点、定额的供应和控制;三是现场管理规范化,物料置放统一规范,现场功能区域划分明确。

(4)接口技术。装配式装修的特点表明装配式装修不是孤立存在的体系,势必会涉及接口问题。目前,装配式装修遇到的问题大多与接口问题相关。战术层面三大基础课题中最难的也是接口技术。接口技术包括三类:一是部品与部品之间的接口技术;二是部品与结构体系的接口技术;三是标准化与个性化的接口技术。

①部品与部品之间的接口技术。这个问题的提出和我国目前建筑产品市场的状况有关,尽管各种建筑产品丰富,但能良好配套使用的部品并不多。这使得企业建立有效的部品库遇到困难。因此,在不断完善扩充部品库的同时要开始着手研究部品间的接口技术,最终实现部品间的良好配套。

部品间接口技术的攻关大致包括如下内容:一是在统一模数协调标准下建立各类部品标准,包括国家标准、行业标准、企业标准,涉及产品和工法;二是不断在实践中发展、创新、集成部品,并形成标准,同时考虑产品和工法;三是搭建部品交易平台,不同行业间部品共享的交易平台,也是技术交流平台,基础是模数协调,市场共享,共同做大"蛋糕";四是市场现有部品的接口配件研究,通过低成本接口配件,实现部品间配套;五是研究部品配套组合方案,并纳入部品数据库;六是建立部品供应商联盟等。

②部品与结构体系的接口技术。部品与结构体系的接口涉及两个方面:一方面是部品与结构体系的模数协调;另一方面是精确部品与结构误差之间的匹配问题。比较起来,现阶段后者矛盾更加突出。装配式装修是装配式建筑体系的一部分,但是我国现阶段装配式建筑还不完善,因此装配式装修必须面对在一段时期内如何与传统土建结构施工的接口难题。因此,在传统施工建造的建筑中实施装配式装修就必须研究部品与结构体系的接口问题。随着我国装配式建筑的不断发展,这方面问题会逐渐得到解决。

部品与结构体系的接口需要重点解决以下问题:一是在统一的模数协调标准下,不同部品分别与不同的典型结构形式中的结构构件的结合(可以细化到结构构件形式、尺寸与不同部品的结合,不同结合方式的空间形态研究,和人体工学的关系研究,和不同标准户型的配套研究等);二是制定结构体系误差限制标准、结构体系验收标准(装修前的结构交接验收);三是误差超限情况下的应急方案(分不同的部位、不同的结构构件等,方案包括填补结构体系误差的中间件选择、构造方案、构造图集、实施条件等)等。

③标准化与个性化的接口技术。从事装配式装修的企业常常会面临既要坚定地走标准化的道路,又不得不靠满足客户个性化需求拿订单的两难局面。装配式装修的目标市场不是个性化需求极高的市场,但如果做好了标准化与个性化之间的接口,将大大扩展装配式装

修的细分市场。

以电气为例,当购置了电视机、洗衣机等家用电器,只需找到相应的电源插座,接上电源就可以使用。这个电源插座就是和个性化电器间的一个良好接口,不论买什么品牌、什么样式的电器,接上就能使用。因此,为了解决装配式装修和个性化之间的接口,必须先做好几个方面的准备:一是将装配式装修的工作内容进行剖析,分解出必须完全标准化的部分、标准化和个性化可以组合的部分、完全需要个性化的部分;二是根据标准化与个性化的程度分别制订不同方案;三是重点研究标准化和个性化可以组合的部分以及完全个性化部分的基础是什么,探索能否实现在标准化基础上的简单接口。

一些企业已经在做这方面的探索,如山东福思特建筑装饰有限公司率先从木制品方面进行突破。为了解决装饰个性化、规格多样化与工厂批量生产的矛盾,该公司编制了一套《部品集成装饰木制成品标准图集》,其内容包括各种装饰木门与工艺门套的整体集成,装饰内窗与窗套的集成,踢脚板、护角线、腰线、暖气罩、壁柜、隔断、影视墙等固定家具,木制作灯箱、吊顶等部品集成,基本涵盖了建筑装修的所有木制作工程项目。换言之,凡木工、油漆工在现场施工的项目,全部转为工厂生产,现场直接安装。按照目前流行的饰面材质及色阶,电脑调漆制定了48种标准色卡,按设计要求,将造型、色阶、材质等排列组合可得到上万种家装效果。

综上所述,在解决市场定位的基本课题的前提下,工业化部品、装配式工法体系与接口技术是相互关联、相互支撑、缺一不可的。实施具体工作内容的主体有部品制造企业、装修施工企业、开发企业、政府、行业协会等,不管主体是谁,都需要做好这些基本课题,这样装配式装修之路才会走得更加扎实稳健。

从毛坯房过渡到全装修房,实际上是一次生产方式上的变革,而装配式装修方式则代表了未来装修的发展趋势。全装修建筑带来了装修模式的改变并凸现出四种模式:一是"一站式"采购装修模式,即在超市中直接与设计人员一起选择装修部品材料,由设计人员和施工人员一条龙服务;二是"集成装修"模式,由住宅建设开发商、建材供应商和装修企业三大产业搭建一个平台,构筑产业战略联盟,实施建筑集成装修,达到多方共赢的目标,如联盟型产业化基地;三是"连锁特许经营"的装修模式,这是以品牌、技术或商标为知识产权的特许经营方式,如东易日盛家居装饰集团股份有限公司;四是"家具专业整合"装修模式,家具生产企业借助雄厚的机加工实力,直接为消费者或开发公司服务。

展望装配式装修市场,最有可能在上述二、四两种模式中发展壮大。模式二因为有开发商作为龙头参与,并与终端客户对接,应该最有条件实现装配式装修,这也是住房和城乡建设部建立企业联盟型国家住宅产业化基地的初衷。模式四在最近几年发展迅速。由于室内装修70%以上工作量涉及木制品,因此抓住了木制品也就抓住了室内装修的主体。这些企业有加工制造、原材料、成本等多方面的优势,因此很容易转入装配式装修市场。目前,像海尔等企业不仅有木制品家具等优势,还具有室内家电、厨房、卫浴等多部品的资源,再加上品牌资源等,优势很明显。可以预见,一些木制品行业的企业不久也会加入到这个市场来,竞争加剧,企业并购整合将成为装配式装修市场的常态。

总之,装配式建筑的装修设计应遵循建筑、装修、部品一体化的设计原则,部品体系应满足国家相应标准要求,达到安全、经济、节能、环保等各项标准的要求,部品体系应实现集成化的成套供应。部品和构件宜通过优化参数、公差配合和接口技术等措施,提高部品和构件的互换性与通用性。装配式装修设计应综合考虑不同材料、设备、设施的使用年限,装修部品应具有可变性和适应性,便于施工安装、使用维护和维修改造。装配式装修的材料、设备在与预制构件连接时宜采用支撑体与填充体分离技术进行设计,当条件不具备时,宜采用预留、预埋的安装方式,不应剔凿预制构件及其现浇节点,影响主体结构的安全性。

复习思考题

1.装配式装修的优点有哪些?

2.装配式建筑装饰装修由哪些系统组成?

3.装配式装修的企业如何做好标准与客户个性化需求的对接?

第7章 展 望

随着我国经济的快速发展,装配式建筑经过了一个惊人的发展历程,现在正处在一个重要的转折点。如何摆脱现有的土地本位和规模型的单一开发模式,使装配式建筑更加理性和有序发展,更加注重效率、品质和质量,实现资源最大化和节能效益化,这是关系到我国装配式建筑可持续发展的关键问题。

我国开展大规模的装配式建筑建设已经持续了20多年,从目前的发展趋势可以预见,在今后若干年里,这种大规模的装配式建设活动仍将持续下去。虽然经过了多年的快速发展,但是目前的建筑业仍然处于粗放型阶段,一直在延续传统的现场湿作业劳动手工操作。这种传统的操作模式,不仅生产效率明显偏低,而且由于大量的手工现场操作,装配式产品的性能及工程质量相对较低,并且很不稳定,远远跟不上国际装配式建筑发展的步伐,也无法满足我国现阶段人们日益提高的对装配式品质的要求。有数据表明,我国的劳动生产率只相当于发达国家的1/7,产业化率仅为15%,增值率仅为美国的1/20。由于人口众多,我国既是缺能大国,又是耗能大国,能耗比率为发达国家的3~4倍,而对装配式产品来说,我国的产业化水平和一些发达国家的差距更大。

当前,我国的装配式建筑建设面临着一些挑战,其中资源的紧缺是最为关键的。这就要求建设者树立新的装配式发展理念,装配式的开发效率也成了装配式建设未来发展的重中之重。经过这么多年的开发建设,开发企业的理念和规划设计水平越来越趋同,以后竞争的关键是要从效率上提高,包括建筑施工周期、资金运转周期等。今后,开发企业的实力可能就体现在效率和品质上。要提高装配式建筑建设的整体效率和产品品质,就必须推进装配式建筑,把过去的现场湿法施工变为工厂化生产、装配式施工。

7.1 装配式建筑的优点

目前,我国房屋建筑的施工多采用现浇施工方法。现浇建筑虽然具有结构整体性强、抗震性能好等优越性,但在工程实施中存在着很多困难。现浇建筑施工包括现场支模、绑扎钢筋、浇筑混凝土、养护、拆模,这些工作都需要手工操作,很难用机械代替完成,目前也没有找出其他方法来取代这些工序,不仅造成人工劳动耗费大、工序时间持久、工程成本高、工程质量受环境影响大等问题,而且引发一系列的环境污染、噪声污染和资源浪费等社会问题,难以实现全面工厂化生产,阻碍了建筑业的可持续性发展。装配式建筑相对于现浇建筑较简单,施工大致分为两个步骤:首先在预制构件厂完成构件的制作,然后把构件运送到现场进行安装,是一种快速的施工方法。与现浇建筑施工相比,装配式建筑具有以下优势。

7.1.1 大大提升建筑质量

装配式建筑并不是单纯的工艺改变——将现浇变为预制,而是建筑体系与运作方式的变革,对建筑质量的提升有推动作用。

(1)装配式建筑要求设计必须精细化、协同化。如果设计不精细,构件预制完成后才发现问题,就会造成很大的损失。装配式建筑要求设计深入、细化、协同,由此会提高设计质量和建筑品质。

(2)装配式建筑可以提高建筑精度。现浇混凝土结构的施工误差往往以厘米计,而预制构件的误差以毫米计,误差大了就无法装配。预制混凝土构件在工厂模台上的模具中生产,实现和控制品质比现场容易。预制混凝土构件的高精度会带动现场后浇混凝土部分精度的提高。

(3)装配式混凝土建筑可以提高混凝土浇筑、振捣和养护环节的质量。浇筑、振捣和养护是保证混凝土密实和水化反应充分,进而保证混凝土强度和耐久性的非常重要的环节。现场浇筑混凝土,模具组装不易做到严丝合缝,容易漏浆;墙、柱等立式构件不易做很好的振捣;现场也很难进行符合要求的养护。工厂制作构件,模具组装可以严丝合缝,混凝土不会漏浆;墙、柱等立式构件大都水平浇筑,振捣方便;板式构件在振捣台上振捣,效果更好;预制工厂一般采用蒸汽养护方式,养护的升温速度、恒温保持及养护温度也能够得到充分保证,养护质量大大提高。

(4)装配式建筑外墙保温可采用夹芯保温方式,即三明治板,保温层外有超过50 mm厚的钢筋混凝土外叶板,比常规的粘贴保温板铺网刮薄浆料的工艺安全性、可靠性大大提高,保温层不会脱落,防火性能得到保证。

(5)装配式建筑实行建筑、结构、装饰的集成化、一体化,会大量减少质量隐患。

(6)装配式建筑是实现建筑自动化和智能化的前提。自动化和智能化减少了对人等不确定性因素的依赖,由此可以避免人为错误,提高产品质量。

(7)工厂作业环境比工地现场更适合全面细致地进行质量检查和控制。

(8)生产组织体系上,装配式建筑将建筑业传统的层层竖向转包变为扁平化分包。层层转包最终将建筑质量的责任系于流动性非常强的建筑工人身上;而扁平化分包,建筑质量的责任由专业化预制构件厂分担,质量责任易追溯。

7.1.2 提高生产效率

装配式建筑能够提高生产效率,半个多世纪以前北欧开始大规模推广装配式建筑的初衷就是为了提高效率。

(1)装配式建筑采用集约生产方式,构件制作可实现机械化、自动化和智能化,能大幅度提高生产效率。欧洲生产叠合楼板的专业工厂,年产120万 m^2 楼板,生产线上只有6个工人,而手工作业方式生产相同的楼板需要近200个工人。

(2)装配式建筑使一些高处和高空作业转移到车间进行。工厂作业环境比现场优越,工厂化生产不受气象条件制约,刮风下雨不影响构件制作。

(3)工厂比工地调配、平衡劳动力资源也更为方便。

7.1.3 有效节约材料

7.1.3.1 装配式建筑节约材料分析

(1)减少模具材料消耗,特别是减少木材消耗。有施工企业统计,装配式建筑节约模具材料达 50% 以上。

(2) 预制构件表面光洁平整，可以取消找平层和抹灰层。

(3) 现浇混凝土使用商品混凝土，用混凝土罐车运输。每次运输混凝土都会有浆料挂在罐壁上，混凝土搅拌站出仓混凝土量比实际浇筑混凝土量大约多 2%，装配式建筑则大大减少了这部分损耗。

(4) 工地不用满搭脚手架，减少脚手架材料消耗量达 70% 以上。

(5) 装配式建筑精细化和集成化会降低各个环节，如围护、保温、装饰等环节的材料与能源消耗，集约化装饰会节约大量材料。

7.1.3.2　装配式建筑增加材料

(1) 夹芯保温墙增加了外叶板和拉结件。然而，夹芯保温板能解决现外墙保温工艺存在的重大问题，是提高安全性、可靠性和耐久性的必要措施，所以不能把材料消耗和成本增加的"责任"归到装配式上。

(2) 叠合楼板比现浇混凝土楼板因埋设管线需要厚 20 mm。然而，在楼板混凝土中埋设管线是很落后、很不合理的做法，发达国家大都是采取天棚吊顶、地面架空的做法。管线的寿命是 10~20 年，结构混凝土的寿命是 50 年甚至更长，两者不同步。当埋设在混凝土中的管线使用寿命到期时，由于埋设在混凝土中，很难维修和更换，所以应当改变不合理的传统做法。如果采取架空吊顶，楼板厚度就不会增加了。

(3) 蒸汽养护增加了耗能。然而，蒸汽养护提高了混凝土质量，特别是提高了混凝土的耐久性。从建筑结构寿命得以延长的角度看，降低了总耗能。

(4) 增加了连接套筒、灌浆料和后浇区钢筋搭接及其锚固长度。这是因预制构件连接而增加的材料，也是装配式建筑成本中的大项。

(5) 加大了保护层。用套筒连接的构件，混凝土保护层应当从套筒箍筋算起。由于套筒比所连接的受力钢筋直径大 30 mm 左右，因此相当于受力钢筋的位置内移了、保护层增大，或加大断面尺寸增加混凝土量，或保持断面尺寸不变增加钢筋面积。叠合楼板、幕墙板和楼梯、挑檐板等不用套筒或浆锚连接的构件，不存在保护层加大问题。

通过以上分析，装配式混凝土建筑总体上是节省材料的，最高可达 20%。

7.1.4　节能减排环保

(1) 装配式建筑可节约原材料最高达 20%，自然会降低能源消耗，减少碳排放量。

(2) 运输构件比运输混凝土减少了罐的重量和为防止混凝土初凝转动罐的能源消耗。

(3) 装配式建筑会大幅度减少工地建筑垃圾，最多可减少 80%。

(4) 装配式建筑大幅度减少混凝土现浇量，从而减少工地养护用水和冲洗混凝土罐车的污水排放量。预制工厂养护用水可以循环使用，节约用水 20%~50%。

(5) 装配式建筑会减少工地浇筑混凝土振捣作业，减少模板、砌块和钢筋切割作业，减少现场支拆模板，由此会减轻施工噪声污染。

(6) 装配式建筑的工地会减少扬尘。内外墙无须抹灰，会减少灰尘及落地灰等。

7.1.5 节省劳动力,改善工作环境

7.1.5.1 节省劳动力

装配式建筑节省劳动力主要取决于预制率大小、生产工艺自动化程度和连接节点设计。预制率高、自动化程度高和安装节点简单的工程,可节省劳动力50%以上,但如果装配式建筑预制率不高,生产工艺自动化程度不高,结构连接又比较麻烦或有比较多的后浇区,节省劳动力就比较难。总的趋势是,随着预制率的提高、构件的模数化和标准化,生产工艺自动化程度会越来越高,节省劳动力的比率也会越来越大。

7.1.5.2 改善工作环境

装配式建筑把很多现场作业转移到工厂中进行,高处或高空作业转移到平地上进行,风吹、日晒、雨淋的室外作业转移到车间里进行,工作环境大大改善。工厂的工人可以在工厂宿舍或工厂附近住宅区居住,不用住工地临时工棚。装配式建筑可以较多地使用设备和工具,工人劳动强度大大降低。

7.1.6 缩短工期

装配式建筑缩短工期与预制率有关,预制率高,缩短工期就多;预制率低,现浇量大,缩短工期就少。北方地区利用冬季生产构件,可以大幅度缩短总工期。就整体工期而言,装配式建筑减少了现场湿作业,外墙围护结构与主体结构一体化完成,其他环节的施工也不必等主体结构完工后才进行,可以随主体结构的进度,相隔2~3层楼即可。如此,当主体结构结束时,其他环节的施工也接近结束。对于装修房屋,装配式建筑缩短工期更显著。

7.1.7 有利于安全

(1)工地作业人员大幅度减少,高处、高空和脚手架上的作业大幅度减少。

(2)工厂作业环境和安全管理的便利性好于工地的。

(3)生产线的自动化和智能化进一步提高生产过程的安全性。

(4)工厂工人比工地工人相对稳定,安全培训的有效性更强。

7.1.8 不受冬季施工的不利影响

装配式建筑冬季施工,可对构件连接处做局部围护保温,叠合楼板现浇可用暖被覆盖,也可以搭设折叠式临时暖棚。冬季施工的成本比现浇建筑低很多。

7.2 装配式建筑的缺点

装配式建筑是建筑产业现代化的趋势,但它也有一些缺点,具体如下:

(1)与个性化的冲突。装配式建筑须建立在规格化、模数化和标准化的基础上,对于个性化突出且重复元素少的建筑不大适应。建筑是讲究艺术的,没有个性就没有艺术。装配式建筑在实现建筑个性化方面难度较大。

(2)与复杂化的冲突。装配式建筑比较适合于简单的建筑立面,对于里出外进较多的建筑,实现起来有些困难。

（3）要求放线准确、标高测量精确。由于工厂化的生产,预制构件的尺寸已经确定,如果放线时尺寸偏小,将使预制构件安装不下去,如果放线时尺寸偏大,则又会造成拼缝偏大的现象。同时,在现场施工时,剪力墙的标高也要控制好,不然将会造成叠合板安装不平整。

（4）对预留孔洞位置精度要求较高。采用混凝土结构的装配式建筑,要求在预留、预埋时,尺寸、位置尽量精确;否则,要重新开槽、开洞,增加施工难度,甚至影响结构。

（5）预制构件尺寸存在一定误差。尽管是工厂化生产,预制构件也可能有一定的尺寸偏差,同时由于现场施工时的人为误差,有时拼装时易产生缝隙过大或不均匀的现象。

（6）装配式建筑的工程造价较高。传统建筑的楼板厚度大约为 100 mm,而装配式建筑的楼板厚度为 60 mm,叠合板加 80 mm 现浇板,总体厚度达到了 140 mm,比传统建筑板厚很多;外墙外挂板与剪力墙连接,使外墙厚度大幅增加,所用材料也就大幅增加。这些都导致了造价的增加。同时,外墙厚度增加,在同等建筑面积上,装配式建筑的净空面积比传统式建筑的净空面积小,从而导致了装配式建筑的每平方米造价比传统式建筑的每平方米造价高,也不容易被消费者接受。因此,采用装配式建筑的项目都要求一定的建设规模和建筑体量,以降低单位成本。

7.3　装配式建筑的发展前景及面临的困难

随着建筑新技术和新材料的不断发展,装配式建筑得到了广泛的应用,国家政策也在大力鼓励。在发达国家,装配式建筑经历了长期的试验和应用,现代化的装配式建筑产品已经可以高度集成建筑的各种功能,而且建筑的形式和构件非常精致。

"德国工业制造 4.0"与"中国制造 2025"的新一轮科技革命和产业变革,给世界建筑业带来新的变革和重大影响,各种新概念和新模式不断涌现,诸如产业链有机集成、并行装配工程、低能耗预制、绿色化装配、机器人敏捷建造、网络化建造和虚拟选购装配等。未来装配式建筑的建造系统与产业体系必将超越现有企业模式与工业形式的范畴。

7.3.1　建筑、结构、机电、装修一体化,是系统性装配的要求

（1）一体化系统性装配思维。装配式建筑是由建筑、结构、机电、装修四个子系统组成的。它们各自既是一个完整独立存在的子系统,又共同构成一个更大的系统,而这个更大的系统就是建筑工程项目。四个子系统独立存在,又从属于大的建筑系统,每个子系统是装配式的,整个大系统就是装配式的。

（2）一体化系统性装配原则。按照建筑集成、结构支撑、机电配套、装修一体的协同思路,统一空间基准规则、标准化模数协调规则、标准化接口规则,实现以建筑系统为基础,与结构系统、机电系统和装修系统一体化装配。每个系统各自集成、系统之间协同集成,最终形成完整的装配建筑。

（3）一体化系统性装配方法。建筑、结构、机电、装修各个子系统是由若干构配件、部品件等更小的子系统组成的。建筑系统由其围护系统、门窗系统及部品系统等通过统一标准的模数协同,逐步组成;结构系统由系列标准化梁、墙、板、柱等构件组成;机电系统由强弱电系统、给排水系统、供暖系统、通风系统等组成(每个子系统又可继续再分);装修系统由隔墙、吊顶、地面、厨卫等子系统等组成。一体化是系统化的显著特征,建筑系统、结构系统、机

电系统、装修系统需要总体协调优化。多专业协同,按照一定的协同标准和原则组装成完整的装配式建筑产品。

(4)一体化系统性装配平台。建筑、结构、机电、装修互为约束、互为条件。通过模数协调,研究功能协同技术(机电系统、结构体系支撑并匹配建筑功能、装修效果)、空间协同技术(建筑、结构、机电、装修不同专业空间协同,消除错、漏、碰、缺)、接口协同技术(建筑、结构、机电、装修不同专业的接口标准化,实现精准吻合),有效打造一体化、系统性的装配平台。

(5)一体化系统性生产加工。建筑、结构、机电、装修各个子系统,均采用工厂规模化生产,精准细化预留、预埋,加工形成标准化、通用化、集成化、接口统一的构配件、部品件及制品,便于系统性装配。

7.3.2 设计、加工、装配一体化,是工业化生产的要求

设计、加工、装配要三位一体,实现从设计开始到建成的全过程的可装配性。设计必须坚持标准化,设计的产品要便于加工和装配。运输、堆放、装配都相应标准化协同发展。

(1)要研发优化标准化设计,利于工厂自动化、规模化加工。唯有标准化的设计产品才适合工业化生产,因此需要研究设计标准化,设计出利于机械化、自动化、规模化加工的系列标准化构配件,与之相应的加工机具和设备也标准化,能够批量化生产,从而降低生产成本、提高生产效率。

(2)要研发优化连接节点设计,利于现场简易化、高效化装配。研发设计全新装配式结构体系,根据生产加工方式和现场装配方式,建立以"预制装配"为核心,有别于传统"等同现浇"的全新装配式结构体系,以此适应装配式建筑产业现代化生产的要求,彻底变革建筑业的生产和组织方式。研发设计高效安装的连接节点,根据生产加工方式、现场作业条件、工装系统、装配方式及装配工法,研发创新现场易连接的节点设计,现场可简易、快捷、高效连接。

(3)要研发优化与构件设计、加工相匹配的现场装配关键技术。针对系列标准化构件生产和装配安装特点,加强构件运输、堆放、安装全过程相配套的工装系统和设备(堆放架、吊具、爬架、支撑架)研究,形成设计—加工—装配协同适用的标准化、协同化、工具化的工装系统;加强装配式建筑现场吊装、支撑、安装等装配工艺及工法研究,形成基于全产业链协同的构件简易、高效装配工法和管理技术,利于设计—加工—装配一体化,提高效率、缩短工期。

(4)要研发优化设计—加工—装配一体化集成技术。基于适应性、匹配性、成本效益等多个维度,构建设计产品利于工厂规模化生产、利于现场高效化装配的关键技术协同机制,制定装配式建筑全产业链关键技术的协同标准,形成装配式混凝土建筑设计—加工—装配一体化的关键集成技术。

(5)要加快 BIM 信息技术研发。利用信息共享平台,实现设计、加工、装配、运维的信息交互和共享,避免信息二次录入和传导、规避信息传导失真等问题,实现设计—加工—装配一体化协同控制。

7.3.3　装配式建筑面临的挑战

装配式建筑是建筑业的一场革命,是生产方式的彻底变革,必然会带来生产力和生产关系的变革,需要整合现代科学技术和现代化管理来适应这场变革。我国装配式建筑虽然市场潜力巨大,但是由于工作基础薄弱,仍然面临着以下六个方面的挑战。

7.3.3.1　装配式建筑的设计技术体系仍需完善

(1)装配式建筑设计关键技术发展较慢。装配式建筑一体化、标准化设计的关键技术和方法发展滞后,设计和加工生产、施工装配等产业环节脱节的问题普遍存在。

(2)装配式建筑设计技术系统集成欠缺。只注重研究装配式结构而忽视了与建筑围护、建筑设备、内装系统的相互配套。

(3)装配式建筑设计技术创新能力不足。装配式建筑还没有形成高效加工、高效装配、性能优越的全新结构体系,基于现浇设计、通过拆分构件来实现"等同现浇"的装配式结构,不能充分体现工业化生产的优势。

(4)装配式建筑围护设计体系存在差距。与全新装配式结构体系相配套的建筑围护体系还存在很大差距,制约装配式建筑发展的"墙板"问题需要得到有效解决,装配式建筑中的墙板模块见图7-1。

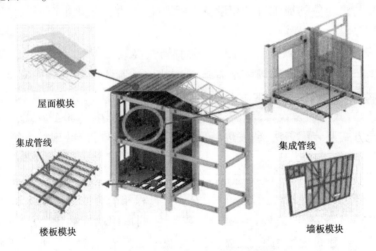

屋面模块　集成管线　集成管线　楼板模块　墙板模块

图 7-1　装配式建筑中的墙板模块

7.3.3.2　装配式建筑的关键技术及集成技术还未成熟

(1)从设计、部品件生产、装配施工、装饰装修到质量验收的全产业链关键技术缺乏且系统集成度低。

(2)装配式建筑的关键配套产品和自动化生产加工技术应用性开发明显不足,高性能钢筋连接产品和连接技术没有得到重视。

(3)装配现场缺乏协同适用的标准化、协同化、工具化的吊装与支撑体系,建筑结构和机电装修部品的一体化程度低。

(4)BIM信息技术对设计、生产加工、施工装配、机电装修和运维等全产业链的协同发展,还没有形成有效的平台支撑。

7.3.3.3 装配式建筑的成本问题还未得到有效解决

目前,装配式建筑平均成本普遍比传统现浇建筑高,无竞争优势,在一定程度上阻滞了装配式建筑的推广和发展。装配式建筑项目成本偏高的原因,主要在于以下方面:

(1)装配式结构设计体系不成熟。目前,装配式建筑产品的标准化、通用化、模数化程度不高,不能完全适应以机械化操作来代替手工操作,部品件不具备标准化流水线生产条件,发挥不了生产线自动化生产优势。

(2)全新的装配体系还未形成。基于现浇设计、通过拆分构件来实现"等同现浇"的装配式建筑,使施工现场两种建造模式并存,额外增加了施工组织成本。

(3)装配式建筑项目还未推行 EPC 工程总承包管理模式。各方力量不能有效协同,对项目的工期和成本都产生了较大的消耗。

(4)装配式建筑项目还处于试点示范阶段,还没有形成规模化的建筑产业现代化市场,工厂建设成本、机械投入成本、技术研发成本、人工技能成本和综合管理成本的摊销,增加了当前工业化项目的工程造价。

7.3.3.4 装配式建筑的体制机制还不够健全

(1)缺少系统的顶层设计。目前,国家层面还没有出台扶持装配式建筑的产业发展政策。各地地方政府制定的扶持政策,还存在产业激励措施不系统、对技术体系集成研发不重视、装配式建筑预制率偏低等问题,对装配式建筑的长远发展缺少科学的系统规划。

(2)缺少配套的监管机制。在装配式建筑项目的招投标、施工许可、施工图审查、质量检测和竣工验收等监管流程上,还没有形成促进装配式建筑加快发展的创新机制。此外,适用于推广装配式建筑的施工许可、施工图审查、质量检测和竣工验收等监管机制的缺失,也在一定程度上造成了装配式建筑建造过程的不确定性,增加了项目标准化管理的难度。

(3)产业化进程中还未全面推行 EPC 管理模式。施工管理模式还停留在业主大包大揽、分块切割设计及生产、施工、运维等多环节难以有效协同等"新瓶装老酒"的管理模式上,没有实现全产业链协同发展及技术和管理模式的变革。

7.3.3.5 装配式建筑的舆论宣传还不够全面准确

当前在提升装配式建筑的社会认知度方面,主流媒体的引导性宣传还不够,非主流媒体的宣传推介影响力不大,导致社会对装配式建筑还存在一定的误解。主要体现在以下方面:

(1)认为装配式建筑的抗震性能不好。很多人认为装配式建筑抗震性能不够好。但事实上,以日本为例,装配式混凝土建筑都经受了高烈度的地震考验,证明装配式建筑具有良好的减震、隔震和抗震性能。

(2)认为装配式建筑仅仅是装配式结构。很多地方的激励政策都是只针对装配式混凝土结构制定的,单纯地用预制率指标来衡量建筑产业现代化程度,忽略了一体化的装修和部品件的标准化、通用化,低装配率不利于推动全产业链的一体化发展。

(3)认为装配式建筑产品会千篇一律。把标准化设计误解为是建筑产品的标准化设计。事实上,标准化设计是指建筑产品的模块模数标准化设计,可以通过模块模数的系列不同组合、立面不同层次的设计及外装饰的多样性设计,实现装配式建筑产品的"个性化"。

(4)认为装配式建筑是低端产品。把装配式建筑误认为仅仅是针对政府保障房、安居房而建造的低端产品。实质上,采用装配式的建造模式是精益建造的产品,再通过绿色建筑、被动式房屋等先进技术的融合,打造的是属于现代建筑的高端产品。

7.3.3.6 装配式建筑的行业队伍水平还有待提升

（1）发展装配式建筑的复合型人才稀少。装配式建筑是建筑行业设计、生产、施工及建筑、结构、机电、装修多专业的集成发展，对设计、生产、施工多环节的从业人员综合素质要求高，需要具有建筑行业全产业链的多个环节知识，以便协作。目前，符合上述要求的装配式建筑从业人员十分稀少，行业需要培养出适合我国装配式建筑发展的复合型人才。

（2）推进装配式建筑发展的产业工人队伍还未形成。全行业对建筑工人的技能提升还不够重视，"技能水平低、离散程度高"的建筑施工队伍还不能有效适应标准化、机械化、自动化的工业化生产模式。

附录1

中共中央　国务院关于进一步加强城市规划建设管理工作的若干意见

(2016 年 2 月 6 日)

城市是经济社会发展和人民生产生活的重要载体,是现代文明的标志。新中国成立特别是改革开放以来,我国城市规划建设管理工作成就显著,城市规划法律法规和实施机制基本形成,基础设施明显改善,公共服务和管理水平持续提升,在促进经济社会发展、优化城乡布局、完善城市功能、增进民生福祉等方面发挥了重要作用。同时务必清醒地看到,城市规划建设管理中还存在一些突出问题:城市规划前瞻性、严肃性、强制性和公开性不够,城市建筑贪大、媚洋、求怪等乱象丛生,特色缺失,文化传承堪忧;城市建设盲目追求规模扩张,节约集约程度不高;依法治理城市力度不够,违法建设、大拆大建问题突出,公共产品和服务供给不足,环境污染、交通拥堵等"城市病"蔓延加重。

积极适应和引领经济发展新常态,把城市规划好、建设好、管理好,对促进以人为核心的新型城镇化发展,建设美丽中国,实现"两个一百年"奋斗目标和中华民族伟大复兴的中国梦具有重要现实意义和深远历史意义。为进一步加强和改进城市规划建设管理工作,解决制约城市科学发展的突出矛盾和深层次问题,开创城市现代化建设新局面,现提出以下意见。

一、总体要求

(一)指导思想。全面贯彻党的十八大和十八届三中、四中、五中全会及中央城镇化工作会议、中央城市工作会议精神,深入贯彻习近平总书记系列重要讲话精神,按照"五位一体"总体布局和"四个全面"战略布局,牢固树立和贯彻落实创新、协调、绿色、开放、共享的发展理念,认识、尊重、顺应城市发展规律,更好发挥法治的引领和规范作用,依法规划、建设和管理城市,贯彻"适用、经济、绿色、美观"的建筑方针,着力转变城市发展方式,着力塑造城市特色风貌,着力提升城市环境质量,着力创新城市管理服务,走出一条中国特色城市发展道路。

(二)总体目标。实现城市有序建设、适度开发、高效运行,努力打造和谐宜居、富有活力、各具特色的现代化城市,让人民生活更美好。

(三)基本原则。坚持依法治理与文明共建相结合,坚持规划先行与建管并重相结合,坚持改革创新与传承保护相结合,坚持统筹布局与分类指导相结合,坚持完善功能与宜居宜业相结合,坚持集约高效与安全便利相结合。

二、强化城市规划工作

（四）依法制定城市规划。城市规划在城市发展中起着战略引领和刚性控制的重要作用。依法加强规划编制和审批管理，严格执行城乡规划法规定的原则和程序，认真落实城市总体规划由本级政府编制、社会公众参与、同级人大常委会审议、上级政府审批的有关规定。创新规划理念，改进规划方法，把以人为本、尊重自然、传承历史、绿色低碳等理念融入城市规划全过程，增强规划的前瞻性、严肃性和连续性，实现一张蓝图干到底。坚持协调发展理念，从区域、城乡整体协调的高度确定城市定位、谋划城市发展。加强空间开发管制，划定城市开发边界，根据资源禀赋和环境承载能力，引导调控城市规模，优化城市空间布局和形态功能，确定城市建设约束性指标。按照严控增量、盘活存量、优化结构的思路，逐步调整城市用地结构，把保护基本农田放在优先地位，保证生态用地，合理安排建设用地，推动城市集约发展。改革完善城市规划管理体制，加强城市总体规划和土地利用总体规划的衔接，推进两图合一。在有条件的城市探索城市规划管理和国土资源管理部门合一。

（五）严格依法执行规划。经依法批准的城市规划，是城市建设和管理的依据，必须严格执行。进一步强化规划的强制性，凡是违反规划的行为都要严肃追究责任。城市政府应当定期向同级人大常委会报告城市规划实施情况。城市总体规划的修改，必须经原审批机关同意，并报同级人大常委会审议通过，从制度上防止随意修改规划等现象。控制性详细规划是规划实施的基础，未编制控制性详细规划的区域，不得进行建设。控制性详细规划的编制、实施以及对违规建设的处理结果，都要向社会公开。全面推行城市规划委员会制度。健全国家城乡规划督察员制度，实现规划督察全覆盖。完善社会参与机制，充分发挥专家和公众的力量，加强规划实施的社会监督。建立利用卫星遥感监测等多种手段共同监督规划实施的工作机制。严控各类开发区和城市新区设立，凡不符合城镇体系规划、城市总体规划和土地利用总体规划进行建设的，一律按违法处理。用5年左右时间，全面清查并处理建成区违法建设，坚决遏制新增违法建设。

三、塑造城市特色风貌

（六）提高城市设计水平。城市设计是落实城市规划、指导建筑设计、塑造城市特色风貌的有效手段。鼓励开展城市设计工作，通过城市设计，从整体平面和立体空间上统筹城市建筑布局，协调城市景观风貌，体现城市地域特征、民族特色和时代风貌。单体建筑设计方案必须在形体、色彩、体量、高度等方面符合城市设计要求。抓紧制定城市设计管理法规，完善相关技术导则。支持高等学校开设城市设计相关专业，建立和培育城市设计队伍。

（七）加强建筑设计管理。按照"适用、经济、绿色、美观"的建筑方针，突出建筑使用功能以及节能、节水、节地、节材和环保，防止片面追求建筑外观形象。强化公共建筑和超限高层建筑设计管理，建立大型公共建筑工程后评估制度。坚持开放发展理念，完善建筑设计招投标决策机制，规范决策行为，提高决策透明度和科学性。进一步培育和规范建筑设计市场，依法严格实施市场准入和清出。为建筑设计院和建筑师事务所发展创造更加良好的条件，鼓励国内外建筑设计企业充分竞争，使优秀作品脱颖而出。培养既有国际视野又有民族自信的建筑师队伍，进一步明确建筑师的权利和责任，提高建筑师的地位。倡导开展建筑评论，促进建筑设计理念的交融和升华。

（八）保护历史文化风貌。有序实施城市修补和有机更新，解决老城区环境品质下降、空间秩序混乱、历史文化遗产损毁等问题，促进建筑物、街道立面、天际线、色彩和环境更加协调、优美。通过维护加固老建筑、改造利用旧厂房、完善基础设施等措施，恢复老城区功能和活力。加强文化遗产保护传承和合理利用，保护古遗址、古建筑、近现代历史建筑，更好地延续历史文脉，展现城市风貌。用 5 年左右时间，完成所有城市历史文化街区划定和历史建筑确定工作。

四、提升城市建筑水平

（九）落实工程质量责任。完善工程质量安全管理制度，落实建设单位、勘察单位、设计单位、施工单位和工程监理单位等五方主体质量安全责任。强化政府对工程建设全过程的质量监管，特别是强化对工程监理的监管，充分发挥质监站的作用。加强职业道德规范和技能培训，提高从业人员素质。深化建设项目组织实施方式改革，推广工程总承包制，加强建筑市场监管，严厉查处转包和违法分包等行为，推进建筑市场诚信体系建设。实行施工企业银行保函和工程质量责任保险制度。建立大型工程技术风险控制机制，鼓励大型公共建筑、地铁等按市场化原则向保险公司投保重大工程保险。

（十）加强建筑安全监管。实施工程全生命周期风险管理，重点抓好房屋建筑、城市桥梁、建筑幕墙、斜坡（高切坡）、隧道（地铁）、地下管线等工程运行使用的安全监管，做好质量安全鉴定和抗震加固管理，建立安全预警及应急控制机制。加强对既有建筑改扩建、装饰装修、工程加固的质量安全监管。全面排查城市老旧建筑安全隐患，采取有力措施限期整改，严防发生垮塌等重大事故，保障人民群众生命财产安全。

（十一）发展新型建造方式。大力推广装配式建筑，减少建筑垃圾和扬尘污染，缩短建造工期，提升工程质量。制定装配式建筑设计、施工和验收规范。完善部品部件标准，实现建筑部品部件工厂化生产。鼓励建筑企业装配式施工，现场装配。建设国家级装配式建筑生产基地。加大政策支持力度，力争用 10 年左右时间，使装配式建筑占新建建筑的比例达到 30%。积极稳妥推广钢结构建筑。在具备条件的地方，倡导发展现代木结构建筑。

五、推进节能城市建设

（十二）推广建筑节能技术。提高建筑节能标准，推广绿色建筑和建材。支持和鼓励各地结合自然气候特点，推广应用地源热泵、水源热泵、太阳能发电等新能源技术，发展被动式房屋等绿色节能建筑。完善绿色节能建筑和建材评价体系，制定分布式能源建筑应用标准。分类制定建筑全生命周期能源消耗标准定额。

（十三）实施城市节能工程。在试点示范的基础上，加大工作力度，全面推进区域热电联产、政府机构节能、绿色照明等节能工程。明确供热采暖系统安全、节能、环保、卫生等技术要求，健全服务质量标准和评估监督办法。进一步加强对城市集中供热系统的技术改造和运行管理，提高热能利用效率。大力推行采暖地区住宅供热分户计量，新建住宅必须全部实现供热分户计量，既有住宅要逐步实施供热分户计量改造。

六、完善城市公共服务

（十四）大力推进棚改安居。深化城镇住房制度改革，以政府为主保障困难群体基本住房需求,以市场为主满足居民多层次住房需求。大力推进城镇棚户区改造,稳步实施城中村改造,有序推进老旧住宅小区综合整治、危房和非成套住房改造,加快配套基础设施建设,切实解决群众住房困难。打好棚户区改造三年攻坚战,到2020年,基本完成现有的城镇棚户区、城中村和危房改造。完善土地、财政和金融政策,落实税收政策。创新棚户区改造体制机制,推动政府购买棚改服务,推广政府与社会资本合作模式,构建多元化棚改实施主体,发挥开发性金融支持作用。积极推行棚户区改造货币化安置。因地制宜确定住房保障标准,健全准入退出机制。

(十五)建设地下综合管廊。认真总结推广试点城市经验,逐步推开城市地下综合管廊建设,统筹各类管线敷设,综合利用地下空间资源,提高城市综合承载能力。城市新区、各类园区、成片开发区域新建道路必须同步建设地下综合管廊,老城区要结合地铁建设、河道治理、道路整治、旧城更新、棚户区改造等,逐步推进地下综合管廊建设。加快制定地下综合管廊建设标准和技术导则。凡建有地下综合管廊的区域,各类管线必须全部入廊,管廊以外区域不得新建管线。管廊实行有偿使用,建立合理的收费机制。鼓励社会资本投资和运营地下综合管廊。各城市要综合考虑城市发展远景,按照先规划、后建设的原则,编制地下综合管廊建设专项规划,在年度建设计划中优先安排,并预留和控制地下空间。完善管理制度,确保管廊正常运行。

(十六)优化街区路网结构。加强街区的规划和建设,分梯级明确新建街区面积,推动发展开放便捷、尺度适宜、配套完善、邻里和谐的生活街区。新建住宅要推广街区制,原则上不再建设封闭住宅小区。已建成的住宅小区和单位大院要逐步打开,实现内部道路公共化,解决交通路网布局问题,促进土地节约利用。树立"窄马路、密路网"的城市道路布局理念,建设快速路、主次干路和支路级配合理的道路网系统。打通各类"断头路",形成完整路网,提高道路通达性。科学、规范设置道路交通安全设施和交通管理设施,提高道路安全性。到2020年,城市建成区平均路网密度提高到8公里/平方公里,道路面积率达到15%。积极采用单行道路方式组织交通。加强自行车道和步行道系统建设,倡导绿色出行。合理配置停车设施,鼓励社会参与,放宽市场准入,逐步缓解停车难问题。

(十七)优先发展公共交通。以提高公共交通分担率为突破口,缓解城市交通压力。统筹公共汽车、轻轨、地铁等多种类型公共交通协调发展,到2020年,超大、特大城市公共交通分担率达到40%以上,大城市达到30%以上,中小城市达到20%以上。加强城市综合交通枢纽建设,促进不同运输方式和城市内外交通之间的顺畅衔接、便捷换乘。扩大公共交通专用道的覆盖范围。实现中心城区公交站点500米内全覆盖。引入市场竞争机制,改革公交公司管理体制,鼓励社会资本参与公共交通设施建设和运营,增强公共交通运力。

(十八)健全公共服务设施。坚持共享发展理念,使人民群众在共建共享中有更多获得感。合理确定公共服务设施建设标准,加强社区服务场所建设,形成以社区级设施为基础,市、区级设施衔接配套的公共服务设施网络体系。配套建设中小学、幼儿园、超市、菜市场,以及社区养老、医疗卫生、文化服务等设施,大力推进无障碍设施建设,打造方便快捷生活圈。继续推动公共图书馆、美术馆、文化馆(站)、博物馆、科技馆免费向全社会开放。推动社区内公共设施向居民开放。合理规划建设广场、公园、步行道等公共活动空间,方便居民文体活动,促进居民交流。强化绿地服务居民日常活动的功能,使市民在居家附近能够见到绿地、亲近绿地。城市公园原则上要免费向居民开放。限期清理腾退违规占用的公共空间。

顺应新型城镇化的要求,稳步推进城镇基本公共服务常住人口全覆盖,稳定就业和生活的农业转移人口在住房、教育、文化、医疗卫生、计划生育和证照办理服务等方面,与城镇居民有同等权利和义务。

(十九)切实保障城市安全。加强市政基础设施建设,实施地下管网改造工程。提高城市排涝系统建设标准,加快实施改造。提高城市综合防灾和安全设施建设配置标准,加大建设投入力度,加强设施运行管理。建立城市备用饮用水水源地,确保饮水安全。健全城市抗震、防洪、排涝、消防、交通、应对地质灾害应急指挥体系,完善城市生命通道系统,加强城市防灾避难场所建设,增强抵御自然灾害、处置突发事件和危机管理能力。加强城市安全监管,建立专业化、职业化的应急救援队伍,提升社会治安综合治理水平,形成全天候、系统性、现代化的城市安全保障体系。

七、营造城市宜居环境

(二十)推进海绵城市建设。充分利用自然山体、河湖湿地、耕地、林地、草地等生态空间,建设海绵城市,提升水源涵养能力,缓解雨洪内涝压力,促进水资源循环利用。鼓励单位、社区和居民家庭安装雨水收集装置。大幅度减少城市硬覆盖地面,推广透水建材铺装,大力建设雨水花园、储水池塘、湿地公园、下沉式绿地等雨水滞留设施,让雨水自然积存、自然渗透、自然净化,不断提高城市雨水就地蓄积、渗透比例。

(二十一)恢复城市自然生态。制订并实施生态修复工作方案,有计划有步骤地修复被破坏的山体、河流、湿地、植被,积极推进采矿废弃地修复和再利用,治理污染土地,恢复城市自然生态。优化城市绿地布局,构建绿道系统,实现城市内外绿地连接贯通,将生态要素引入市区。建设森林城市。推行生态绿化方式,保护古树名木资源,广植当地树种,减少人工干预,让乔灌草合理搭配、自然生长。鼓励发展屋顶绿化、立体绿化。进一步提高城市人均公园绿地面积和城市建成区绿地率,改变城市建设中过分追求高强度开发、高密度建设、大面积硬化的状况,让城市更自然、更生态、更有特色。

(二十二)推进污水大气治理。强化城市污水治理,加快城市污水处理设施建设与改造,全面加强配套管网建设,提高城市污水收集处理能力。整治城市黑臭水体,强化城中村、老旧城区和城乡接合部污水截流、收集,抓紧治理城区污水横流、河湖水系污染严重的现象。到2020年,地级以上城市建成区力争实现污水全收集、全处理,缺水城市再生水利用率达到20%以上。以中水洁厕为突破口,不断提高污水利用率。新建住房和单体建筑面积超过一定规模的新建公共建筑应当安装中水设施,老旧住房也应当逐步实施中水利用改造。培育以经营中水业务为主的水务公司,合理形成中水回用价格,鼓励按市场化方式经营中水。城市工业生产、道路清扫、车辆冲洗、绿化浇灌、生态景观等生产和生态用水要优先使用中水。全面推进大气污染防治工作。加大城市工业源、面源、移动源污染综合治理力度,着力减少多污染物排放。加快调整城市能源结构,增加清洁能源供应。深化京津冀、长三角、珠三角等区域大气污染联防联控,健全重污染天气监测预警体系。提高环境监管能力,加大执法力度,严厉打击各类环境违法行为。倡导文明、节约、绿色的消费方式和生活习惯,动员全社会参与改善环境质量。

(二十三)加强垃圾综合治理。树立垃圾是重要资源和矿产的观念,建立政府、社区、企业和居民协调机制,通过分类投放收集、综合循环利用,促进垃圾减量化、资源化、无害化。

到 2020 年,力争将垃圾回收利用率提高到 35% 以上。强化城市保洁工作,加强垃圾处理设施建设,统筹城乡垃圾处理处置,大力解决垃圾围城问题。推进垃圾收运处理企业化、市场化,促进垃圾清运体系与再生资源回收体系对接。通过限制过度包装,减少一次性制品使用,推行净菜入城等措施,从源头上减少垃圾产生。利用新技术、新设备,推广厨余垃圾家庭粉碎处理。完善激励机制和政策,力争用 5 年左右时间,基本建立餐厨废弃物和建筑垃圾回收和再生利用体系。

八、创新城市治理方式

(二十四)推进依法治理城市。适应城市规划建设管理新形势和新要求,加强重点领域法律法规的立改废释,形成覆盖城市规划建设管理全过程的法律法规制度。严格执行城市规划建设管理行政决策法定程序,坚决遏制领导干部随意干预城市规划设计和工程建设的现象。研究推动城乡规划法与刑法衔接,严厉惩处规划建设管理违法行为,强化法律责任追究,提高违法违规成本。

(二十五)改革城市管理体制。明确中央和省级政府城市管理主管部门,确定管理范围、权力清单和责任主体,理顺各部门职责分工。推进市县两级政府规划建设管理机构改革,推行跨部门综合执法。在设区的市推行市或区一级执法,推动执法重心下移和执法事项属地化管理。加强城市管理执法机构和队伍建设,提高管理、执法和服务水平。

(二十六)完善城市治理机制。落实市、区、街道、社区的管理服务责任,健全城市基层治理机制。进一步强化街道、社区党组织的领导核心作用,以社区服务型党组织建设带动社区居民自治组织、社区社会组织建设。增强社区服务功能,实现政府治理和社会调节、居民自治良性互动。加强信息公开,推进城市治理阳光运行,开展世界城市日、世界住房日等主题宣传活动。

(二十七)推进城市智慧管理。加强城市管理和服务体系智能化建设,促进大数据、物联网、云计算等现代信息技术与城市管理服务融合,提升城市治理和服务水平。加强市政设施运行管理、交通管理、环境管理、应急管理等城市管理数字化平台建设和功能整合,建设综合性城市管理数据库。推进城市宽带信息基础设施建设,强化网络安全保障。积极发展民生服务智慧应用。到 2020 年,建成一批特色鲜明的智慧城市。通过智慧城市建设和其他一系列城市规划建设管理措施,不断提高城市运行效率。

(二十八)提高市民文明素质。以加强和改进城市规划建设管理来满足人民群众日益增长的物质文化需要,以提升市民文明素质推动城市治理水平的不断提高。大力开展社会主义核心价值观学习教育实践,促进市民形成良好的道德素养和社会风尚,提高企业、社会组织和市民参与城市治理的意识和能力。从青少年抓起,完善学校、家庭、社会三结合的教育网络,将良好校风、优良家风和社会新风有机融合。建立完善市民行为规范,增强市民法治意识。

九、切实加强组织领导

(二十九)加强组织协调。中央和国家机关有关部门要加大对城市规划建设管理工作的指导、协调和支持力度,建立城市工作协调机制,定期研究相关工作。定期召开中央城市工作会议,研究解决城市发展中的重大问题。中央组织部、住房城乡建设部要定期组织新任市委书记、市长培训,不断提高城市主要领导规划建设管理的能力和水平。

(三十)落实工作责任。省级党委和政府要围绕中央提出的总目标,确定本地区城市发展的目标和任务,集中力量突破重点难点问题。城市党委和政府要制订具体目标和工作方案,明确实施步骤和保障措施,加强对城市规划建设管理工作的领导,落实工作经费。实施城市规划建设管理工作监督考核制度,确定考核指标体系,定期通报考核结果,并作为城市党政领导班子和领导干部综合考核评价的重要参考。

各地区各部门要认真贯彻落实本意见精神,明确责任分工和时间要求,确保各项政策措施落到实处。各地区各部门贯彻落实情况要及时向党中央、国务院报告。中央将就贯彻落实情况适时组织开展监督检查。

附录2

国务院办公厅关于大力发展装配式建筑的指导意见

国办发〔2016〕71号

各省、自治区、直辖市人民政府,国务院各部委、各直属机构:

装配式建筑是用预制部品部件在工地装配而成的建筑。发展装配式建筑是建造方式的重大变革,是推进供给侧结构性改革和新型城镇化发展的重要举措,有利于节约资源能源、减少施工污染、提升劳动生产效率和质量安全水平,有利于促进建筑业与信息化工业化深度融合、培育新产业新动能、推动化解过剩产能。近年来,我国积极探索发展装配式建筑,但建造方式大多仍以现场浇筑为主,装配式建筑比例和规模化程度较低,与发展绿色建筑的有关要求以及先进建造方式相比还有很大差距。为贯彻落实《中共中央 国务院关于进一步加强城市规划建设管理工作的若干意见》和《政府工作报告》部署,大力发展装配式建筑,经国务院同意,现提出以下意见。

一、总体要求

(一)指导思想。全面贯彻党的十八大和十八届三中、四中、五中全会以及中央城镇化工作会议、中央城市工作会议精神,认真落实党中央、国务院决策部署,按照"五位一体"总体布局和"四个全面"战略布局,牢固树立和贯彻落实创新、协调、绿色、开放、共享的发展理念,按照适用、经济、安全、绿色、美观的要求,推动建造方式创新,大力发展装配式混凝土建筑和钢结构建筑,在具备条件的地方倡导发展现代木结构建筑,不断提高装配式建筑在新建建筑中的比例。坚持标准化设计、工厂化生产、装配化施工、一体化装修、信息化管理、智能化应用,提高技术水平和工程质量,促进建筑产业转型升级。

(二)基本原则。坚持市场主导、政府推动。适应市场需求,充分发挥市场在资源配置中的决定性作用,更好发挥政府规划引导和政策支持作用,形成有利的体制机制和市场环境,促进市场主体积极参与、协同配合,有序发展装配式建筑。

坚持分区推进、逐步推广。根据不同地区的经济社会发展状况和产业技术条件,划分重点推进地区、积极推进地区和鼓励推进地区,因地制宜、循序渐进,以点带面、试点先行,及时总结经验,形成局部带动整体的工作格局。

坚持顶层设计、协调发展。把协同推进标准、设计、生产、施工、使用维护等作为发展装配式建筑的有效抓手,推动各个环节有机结合,以建造方式变革促进工程建设全过程提质增效,带动建筑业整体水平的提升。

(三)工作目标。以京津冀、长三角、珠三角三大城市群为重点推进地区,常住人口超过

300万的其他城市为积极推进地区,其余城市为鼓励推进地区,因地制宜发展装配式混凝土结构、钢结构和现代木结构等装配式建筑。力争用10年左右的时间,使装配式建筑占新建建筑面积的比例达到30%。同时,逐步完善法律法规、技术标准和监管体系,推动形成一批设计、施工、部品部件规模化生产企业,具有现代装配建造水平的工程总承包企业以及与之相适应的专业化技能队伍。

二、重点任务

(四)健全标准规范体系。加快编制装配式建筑国家标准、行业标准和地方标准,支持企业编制标准、加强技术创新,鼓励社会组织编制团体标准,促进关键技术和成套技术研究成果转化为标准规范。强化建筑材料标准、部品部件标准、工程标准之间的衔接。制修订装配式建筑工程定额等计价依据。完善装配式建筑防火抗震防灾标准。研究建立装配式建筑评价标准和方法。逐步建立完善覆盖设计、生产、施工和使用维护全过程的装配式建筑标准规范体系。

(五)创新装配式建筑设计。统筹建筑结构、机电设备、部品部件、装配施工、装饰装修,推行装配式建筑一体化集成设计。推广通用化、模数化、标准化设计方式,积极应用建筑信息模型技术,提高建筑领域各专业协同设计能力,加强对装配式建筑建设全过程的指导和服务。鼓励设计单位与科研院所、高校等联合开发装配式建筑设计技术和通用设计软件。

(六)优化部品部件生产。引导建筑行业部品部件生产企业合理布局,提高产业聚集度,培育一批技术先进、专业配套、管理规范的骨干企业和生产基地。支持部品部件生产企业完善产品品种和规格,促进专业化、标准化、规模化、信息化生产,优化物流管理,合理组织配送。积极引导设备制造企业研发部品部件生产装备机具,提高自动化和柔性加工技术水平。建立部品部件质量验收机制,确保产品质量。

(七)提升装配施工水平。引导企业研发应用与装配式施工相适应的技术、设备和机具,提高部品部件的装配施工连接质量和建筑安全性能。鼓励企业创新施工组织方式,推行绿色施工,应用结构工程与分部分项工程协同施工新模式。支持施工企业总结编制施工工法,提高装配施工技能,实现技术工艺、组织管理、技能队伍的转变,打造一批具有较高装配施工技术水平的骨干企业。

(八)推进建筑全装修。实行装配式建筑装饰装修与主体结构、机电设备协同施工。积极推广标准化、集成化、模块化的装修模式,促进整体厨卫、轻质隔墙等材料、产品和设备管线集成化技术的应用,提高装配化装修水平。倡导菜单式全装修,满足消费者个性化需求。

(九)推广绿色建材。提高绿色建材在装配式建筑中的应用比例。开发应用品质优良、节能环保、功能良好的新型建筑材料,并加快推进绿色建材评价。鼓励装饰与保温隔热材料一体化应用。推广应用高性能节能门窗。强制淘汰不符合节能环保要求、质量性能差的建筑材料,确保安全、绿色、环保。

(十)推行工程总承包。装配式建筑原则上应采用工程总承包模式,可按照技术复杂类工程项目招投标。工程总承包企业要对工程质量、安全、进度、造价负总责。要健全与装配式建筑总承包相适应的发包承包、施工许可、分包管理、工程造价、质量安全监管、竣工验收等制度,实现工程设计、部品部件生产、施工及采购的统一管理和深度融合,优化项目管理方式。鼓励建立装配式建筑产业技术创新联盟,加大研发投入,增强创新能力。支持大型设计、施工和部品部件生产企业通过调整组织架构、健全管理体系,向具有工程管理、设计、施工、生产、采购能力的工程总承包企业转型。

(十一)确保工程质量安全。完善装配式建筑工程质量安全管理制度,健全质量安全责任体系,落实各方主体质量安全责任。加强全过程监管,建设和监理等相关方可采用驻厂监造等方式加强部品部件生产质量管控;施工企业要加强施工过程质量安全控制和检验检测,完善装配施工质量保证体系;在建筑物明显部位设置永久性标牌,公示质量安全责任主体和主要责任人。加强行业监管,明确符合装配式建筑特点的施工图审查要求,建立全过程质量追溯制度,加大抽查抽测力度,严肃查处质量安全违法违规行为。

三、保障措施

(十二)加强组织领导。各地区要因地制宜研究提出发展装配式建筑的目标和任务,建立健全工作机制,完善配套政策,组织具体实施,确保各项任务落到实处。各有关部门要加大指导、协调和支持力度,将发展装配式建筑作为贯彻落实中央城市工作会议精神的重要工作,列入城市规划建设管理工作监督考核指标体系,定期通报考核结果。

(十三)加大政策支持。建立健全装配式建筑相关法律法规体系。结合节能减排、产业发展、科技创新、污染防治等方面政策,加大对装配式建筑的支持力度。支持符合高新技术企业条件的装配式建筑部品部件生产企业享受相关优惠政策。符合新型墙体材料目录的部品部件生产企业,可按规定享受增值税即征即退优惠政策。在土地供应中,可将发展装配式建筑的相关要求纳入供地方案,并落实到土地使用合同中。鼓励各地结合实际出台支持装配式建筑发展的规划审批、土地供应、基础设施配套、财政金融等相关政策措施。政府投资工程要带头发展装配式建筑,推动装配式建筑“走出去”。在中国人居环境奖评选、国家生态园林城市评估、绿色建筑评价等工作中增加装配式建筑方面的指标要求。

(十四)强化队伍建设。大力培养装配式建筑设计、生产、施工、管理等专业人才。鼓励高等学校、职业学校设置装配式建筑相关课程,推动装配式建筑企业开展校企合作,创新人才培养模式。在建筑行业专业技术人员继续教育中增加装配式建筑相关内容。加大职业技能培训资金投入,建立培训基地,加强岗位技能提升培训,促进建筑业农民工向技术工人转型。加强国际交流合作,积极引进海外专业人才参与装配式建筑的研发、生产和管理。

(十五)做好宣传引导。通过多种形式深入宣传发展装配式建筑的经济社会效益,广泛宣传装配式建筑基本知识,提高社会认知度,营造各方共同关注、支持装配式建筑发展的良好氛围,促进装配式建筑相关产业和市场发展。

国务院办公厅
2016 年 9 月 27 日

附录 3

国务院办公厅关于促进建筑业
持续健康发展的意见

国办发〔2017〕19 号

各省、自治区、直辖市人民政府,国务院各部委、各直属机构:

建筑业是国民经济的支柱产业。改革开放以来,我国建筑业快速发展,建造能力不断增强,产业规模不断扩大,吸纳了大量农村转移劳动力,带动了大量关联产业,对经济社会发展、城乡建设和民生改善作出了重要贡献。但也要看到,建筑业仍然大而不强,监管体制机制不健全、工程建设组织方式落后、建筑设计水平有待提高、质量安全事故时有发生、市场违法违规行为较多、企业核心竞争力不强、工人技能素质偏低等问题较为突出。为贯彻落实《中共中央　国务院关于进一步加强城市规划建设管理工作的若干意见》,进一步深化建筑业"放管服"改革,加快产业升级,促进建筑业持续健康发展,为新型城镇化提供支撑,经国务院同意,现提出以下意见:

一、总体要求

全面贯彻党的十八大和十八届二中、三中、四中、五中、六中全会以及中央经济工作会议、中央城镇化工作会议、中央城市工作会议精神,深入贯彻习近平总书记系列重要讲话精神和治国理政新理念新思想新战略,认真落实党中央、国务院决策部署,统筹推进"五位一体"总体布局和协调推进"四个全面"战略布局,牢固树立和贯彻落实创新、协调、绿色、开放、共享的发展理念,坚持以推进供给侧结构性改革为主线,按照适用、经济、安全、绿色、美观的要求,深化建筑业"放管服"改革,完善监管体制机制,优化市场环境,提升工程质量安全水平,强化队伍建设,增强企业核心竞争力,促进建筑业持续健康发展,打造"中国建造"品牌。

二、深化建筑业简政放权改革

(一)优化资质资格管理。进一步简化工程建设企业资质类别和等级设置,减少不必要的资质认定。选择部分地区开展试点,对信用良好、具有相关专业技术能力、能够提供足额担保的企业,在其资质类别内放宽承揽业务范围限制,同时,加快完善信用体系、工程担保及个人执业资格等相关配套制度,加强事中事后监管。强化个人执业资格管理,明晰注册执业人员的权利、义务和责任,加大执业责任追究力度。有序发展个人执业事务所,推动建立个人执业保险制度。大力推行"互联网+政务服务",实行"一站式"网上审批,进一步提高建筑领域行政审批效率。

（二）完善招标投标制度。加快修订《工程建设项目招标范围和规模标准规定》，缩小并严格界定必须进行招标的工程建设项目范围，放宽有关规模标准，防止工程建设项目实行招标"一刀切"。在民间投资的房屋建筑工程中，探索由建设单位自主决定发包方式。将依法必须招标的工程建设项目纳入统一的公共资源交易平台，遵循公平、公正、公开和诚信的原则，规范招标投标行为。进一步简化招标投标程序，尽快实现招标投标交易全过程电子化，推行网上异地评标。对依法通过竞争性谈判或单一来源方式确定供应商的政府采购工程建设项目，符合相应条件的应当颁发施工许可证。

三、完善工程建设组织模式

（三）加快推行工程总承包。装配式建筑原则上应采用工程总承包模式。政府投资工程应完善建设管理模式，带头推行工程总承包。加快完善工程总承包相关的招标投标、施工许可、竣工验收等制度规定。按照总承包负总责的原则，落实工程总承包单位在工程质量安全、进度控制、成本管理等方面的责任。除以暂估价形式包括在工程总承包范围内且依法必须进行招标的项目外，工程总承包单位可以直接发包总承包合同中涵盖的其他专业业务。

（四）培育全过程工程咨询。鼓励投资咨询、勘察、设计、监理、招标代理、造价等企业采取联合经营、并购重组等方式发展全过程工程咨询，培育一批具有国际水平的全过程工程咨询企业。制定全过程工程咨询服务技术标准和合同范本。政府投资工程应带头推行全过程工程咨询，鼓励非政府投资工程委托全过程工程咨询服务。在民用建筑项目中，充分发挥建筑师的主导作用，鼓励提供全过程工程咨询服务。

四、加强工程质量安全管理

（五）严格落实工程质量责任。全面落实各方主体的工程质量责任，特别要强化建设单位的首要责任和勘察、设计、施工单位的主体责任。严格执行工程质量终身责任制，在建筑物明显部位设置永久性标牌，公示质量责任主体和主要责任人。对违反有关规定、造成工程质量事故的，依法给予责任单位停业整顿、降低资质等级、吊销资质证书等行政处罚并通过国家企业信用信息公示系统予以公示，给予注册执业人员暂停执业、吊销资格证书、一定时间直至终身不得进入行业等处罚。对发生工程质量事故造成损失的，要依法追究经济赔偿责任，情节严重的要追究有关单位和人员的法律责任。参与房地产开发的建筑业企业应依法合规经营，提高住宅品质。

（六）加强安全生产管理。全面落实安全生产责任，加强施工现场安全防护，特别要强化对深基坑、高支模、起重机械等危险性较大的分部分项工程的管理，以及对不良地质地区重大工程项目的风险评估或论证。推进信息技术与安全生产深度融合，加快建设建筑施工安全监管信息系统，通过信息化手段加强安全生产管理。建立健全全覆盖、多层次、经常性的安全生产培训制度，提升从业人员安全素质以及各方主体的本质安全水平。

（七）全面提高监管水平。完善工程质量安全法律法规和管理制度，健全企业负责、政府监管、社会监督的工程质量安全保障体系。强化政府对工程质量的监管，明确监管范围，落实监管责任，加大抽查抽测力度，重点加强对涉及公共安全的工程地基基础、主体结构等部位和竣工验收等环节的监督检查。加强工程质量监督队伍建设，监督机构履行职能所需经费由同级财政预算全额保障。政府可采取购买服务的方式，委托具备条件的社会力量进行工程质量监督检查。推进工程质量安全标准化管理,督促各方主体健全质量安全管控机制。强化对工程监理的监管,选择部分地区开展监理单位向政府报告质量监理情况的试点。加强工程质量检测机构管理,严厉打击出具虚假报告等行为。推动发展工程质量保险。

五、优化建筑市场环境

(八)建立统一开放市场。打破区域市场准入壁垒,取消各地区、各行业在法律、行政法规和国务院规定外对建筑业企业设置的不合理准入条件;严禁擅自设立或变相设立审批、备案事项,为建筑业企业提供公平市场环境。完善全国建筑市场监管公共服务平台,加快实现与全国信用信息共享平台和国家企业信用信息公示系统的数据共享交换。建立建筑市场主体黑名单制度,依法依规全面公开企业和个人信用记录,接受社会监督。

(九)加强承包履约管理。引导承包企业以银行保函或担保公司保函的形式,向建设单位提供履约担保。对采用常规通用技术标准的政府投资工程,在原则上实行最低价中标的同时,有效发挥履约担保的作用,防止恶意低价中标,确保工程投资不超预算。严厉查处转包和违法分包等行为。完善工程量清单计价体系和工程造价信息发布机制,形成统一的工程造价计价规则,合理确定和有效控制工程造价。

(十)规范工程价款结算。审计机关应依法加强对以政府投资为主的公共工程建设项目的审计监督,建设单位不得将未完成审计作为延期工程结算、拖欠工程款的理由。未完成竣工结算的项目,有关部门不予办理产权登记。对长期拖欠工程款的单位不得批准新项目开工。严格执行工程预付款制度,及时按合同约定足额向承包单位支付预付款。通过工程款支付担保等经济、法律手段约束建设单位履约行为,预防拖欠工程款。

六、提高从业人员素质

(十一)加快培养建筑人才。积极培育既有国际视野又有民族自信的建筑师队伍。加快培养熟悉国际规则的建筑业高级管理人才。大力推进校企合作,培养建筑业专业人才。加强工程现场管理人员和建筑工人的教育培训。健全建筑业职业技能标准体系,全面实施建筑业技术工人职业技能鉴定制度。发展一批建筑工人技能鉴定机构,开展建筑工人技能评价工作。通过制定施工现场技能工人基本配备标准、发布各个技能等级和工种的人工成本信息等方式,引导企业将工资分配向关键技术技能岗位倾斜。大力弘扬工匠精神,培养高素质建筑工人,到2020年建筑业中级工技能水平以上的建筑工人数量达到300万,2025年达到1 000万。

(十二)改革建筑用工制度。推动建筑业劳务企业转型,大力发展木工、电工、砌筑、钢筋制作等以作业为主的专业企业。以专业企业为建筑工人的主要载体,逐步实现建筑工人公司化、专业化管理。鼓励现有专业企业进一步做专做精,增强竞争力,推动形成一批以作业为主的建筑业专业企业。促进建筑业农民工向技术工人转型,着力稳定和扩大建筑业农民工就业创业。建立全国建筑工人管理服务信息平台,开展建筑工人实名制管理,记录建筑工人的身份信息、培训情况、职业技能、从业记录等信息,逐步实现全覆盖。

(十三)保护工人合法权益。全面落实劳动合同制度,加大监察力度,督促施工单位与招用的建筑工人依法签订劳动合同,到2020年基本实现劳动合同全覆盖。健全工资支付保障制度,按照谁用工谁负责和总承包负总责的原则,落实企业工资支付责任,依法按月足额发放工人工资。将存在拖欠工资行为的企业列入黑名单,对其采取限制市场准入等惩戒措施,情节严重的降低资质等级。建立健全与建筑业相适应的社会保险参保缴费方式,大力推进建筑施工单位参加工伤保险。施工单位应履行社会责任,不断改善建筑工人的工作环境,提升职业健康水平,促进建筑工人稳定就业。

七、推进建筑产业现代化

(十四)推广智能和装配式建筑。坚持标准化设计、工厂化生产、装配化施工、一体化装修、信息化管理、智能化应用,推动建造方式创新,大力发展装配式混凝土和钢结构建筑,在具备条件的地方倡导发展现代木结构建筑,不断提高装配式建筑在新建建筑中的比例。力争用10年左右的时间,使装配式建筑占新建建筑面积的比例达到30%。在新建建筑和既有建筑改造中推广普及智能化应用,完善智能化系统运行维护机制,实现建筑舒适安全、节能高效。

(十五)提升建筑设计水平。建筑设计应体现地域特征、民族特点和时代风貌,突出建筑使用功能及节能、节水、节地、节材和环保等要求,提供功能适用、经济合理、安全可靠、技术先进、环境协调的建筑设计产品。健全适应建筑设计特点的招标投标制度,推行设计团队招标、设计方案招标等方式。促进国内外建筑设计企业公平竞争,培育有国际竞争力的建筑设计队伍。倡导开展建筑评论,促进建筑设计理念的融合和升华。

(十六)加强技术研发应用。加快先进建造设备、智能设备的研发、制造和推广应用,提升各类施工机具的性能和效率,提高机械化施工程度。限制和淘汰落后、危险工艺工法,保障生产施工安全。积极支持建筑业科研工作,大幅提高技术创新对产业发展的贡献率。加快推进建筑信息模型(BIM)技术在规划、勘察、设计、施工和运营维护全过程的集成应用,实现工程建设项目全生命周期数据共享和信息化管理,为项目方案优化和科学决策提供依据,促进建筑业提质增效。

(十七)完善工程建设标准。整合精简强制性标准,适度提高安全、质量、性能、健康、节能等强制性指标要求,逐步提高标准水平。积极培育团体标准,鼓励具备相应能力的行业协会、产业联盟等主体共同制定满足市场和创新需要的标准,建立强制性标准与团体标准相结合的标准供给体制,增加标准有效供给。及时开展标准复审,加快标准修订,提高标准的时效性。加强科技研发与标准制定的信息沟通,建立全国工程建设标准专家委员会,为工程建设标准化工作提供技术支撑,提高标准的质量和水平。

八、加快建筑业企业"走出去"

(十八)加强中外标准衔接。积极开展中外标准对比研究,适应国际通行的标准内容结构、要素指标和相关术语,缩小中国标准与国外先进标准的技术差距。加大中国标准外文版翻译和宣传推广力度,以"一带一路"战略为引领,优先在对外投资、技术输出和援建工程项目中推广应用。积极参加国际标准认证、交流等活动,开展工程技术标准的双边合作。到2025年,实现工程建设国家标准全部有外文版。

(十九)提高对外承包能力。统筹协调建筑业"走出去",充分发挥我国建筑业企业在高铁、公路、电力、港口、机场、油气长输管道、高层建筑等工程建设方面的比较优势,有目标、有重点、有组织地对外承包工程,参与"一带一路"建设。建筑业企业要加大对国际标准的研究力度,积极适应国际标准,加强对外承包工程质量、履约等方面管理,在援外住房等民生项目中发挥积极作用。鼓励大企业带动中小企业、沿海沿边地区企业合作"出海",积极有序开拓国际市场,避免恶性竞争。引导对外承包工程企业向项目融资、设计咨询、后续运营维护管理等高附加值的领域有序拓展。推动企业提高属地化经营水平,实现与所在国家和地区互利共赢。

(二十)加大政策扶持力度。加强建筑业"走出去"相关主管部门间的沟通协调和信息共享。到 2025 年,与大部分"一带一路"沿线国家和地区签订双边工程建设合作备忘录,同时争取在双边自贸协定中纳入相关内容,推进建设领域执业资格国际互认。综合发挥各类金融工具的作用,重点支持对外经济合作中建筑领域的重大战略项目。借鉴国际通行的项目融资模式,按照风险可控、商业可持续原则,加大对建筑业"走出去"的金融支持力度。

各地区、各部门要高度重视深化建筑业改革工作,健全工作机制,明确任务分工,及时研究解决建筑业改革发展中的重大问题,完善相关政策,确保按期完成各项改革任务。加快推动修订建筑法、招标投标法等法律,完善相关法律法规。充分发挥协会商会熟悉行业、贴近企业的优势,及时反映企业诉求,反馈政策落实情况,发挥好规范行业秩序、建立从业人员行为准则、促进企业诚信经营等方面的自律作用。

国务院办公厅

2017 年 2 月 21 日

附录4

住房城乡建设部关于推进建筑业
发展和改革的若干意见

建市〔2014〕92号

各省、自治区住房城乡建设厅,直辖市建委(建设交通委),新疆生产建设兵团建设局:

为深入贯彻落实党的十八大和十八届三中全会精神,推进建筑业发展和改革,保障工程质量安全,提升工程建设水平,针对当前建筑市场和工程建设管理中存在的突出问题,提出如下意见:

一、指导思想和发展目标

(一)指导思想。以邓小平理论、"三个代表"重要思想、科学发展观为指导,加快完善现代市场体系,充分发挥市场在资源配置中的决定性作用和更好发挥政府作用,紧紧围绕正确处理好政府和市场关系的核心,切实转变政府职能,全面深化建筑业体制机制改革。

(二)发展目标。简政放权,开放市场,坚持放管并重,消除市场壁垒,构建统一开放、竞争有序、诚信守法、监管有力的全国建筑市场体系;创新和改进政府对建筑市场、质量安全的监督管理机制,加强事中事后监管,强化市场和现场联动,落实各方主体责任,确保工程质量安全;转变建筑业发展方式,推进建筑产业现代化,促进建筑业健康协调可持续发展。

二、建立统一开放的建筑市场体系

(三)进一步开放建筑市场。各地要严格执行国家相关法律法规,废除不利于全国建筑市场统一开放、妨碍企业公平竞争的各种规定和做法。全面清理涉及工程建设企业的各类保证金、押金等,对于没有法律法规依据的一律取消。积极推行银行保函和诚信担保。规范备案管理,不得设置任何排斥、限制外地企业进入本地区的准入条件,不得强制外地企业参加培训或在当地成立子公司等。各地有关跨省承揽业务的具体管理要求,应当向社会公开。各地要加强外地企业准入后的监督管理,建立跨省承揽业务企业的违法违规行为处理督办、协调机制,严厉查处围标串标、转包、挂靠、违法分包等违法违规行为及质量安全事故,对于情节严重的,予以清出本地建筑市场,并在全国建筑市场监管与诚信信息发布平台曝光。

(四)推进行政审批制度改革。坚持淡化工程建设企业资质、强化个人执业资格的改革方向,探索从主要依靠资质管理等行政手段实施市场准入,逐步转变为充分发挥社会信用、工程担保、保险等市场机制的作用,实现市场优胜劣汰。加快研究修订工程建设企业资质标准和管理规定,取消部分资质类别设置,合并业务范围相近的企业资质,合理设置资质标准条件,注重对企业、人员信用状况、质量安全等指标的考核,强化资质审批后的动态监管;简政放权,推进审批权限下放,健全完善工程建设企业资质和个人执业资格审查制度;改进审批方式,推进电子化审查,加大公开公示力度。

(五)改革招标投标监管方式。调整非国有资金投资项目发包方式,试行非国有资金投资项目建设单位自主决定是否进行招标发包,是否进入有形市场开展工程交易活动,并由建设单位对选择的设计、施工等单位承担相应的责任。建设单位应当依法将工程发包给具有相应资质的承包单位,依法办理施工许可、质量安全监督等手续,确保工程建设实施活动规范有序。各地要重点加强国有资金投资项目招标投标监管,严格控制招标人设置明显高于招标项目实际需要和脱离市场实际的不合理条件,严禁以各种形式排斥或限制潜在投标人投标。要加快推进电子招标投标,进一步完善专家评标制度,加大社会监督力度,健全中标候选人公示制度,促进招标投标活动公开透明。鼓励有条件的地区探索开展标后评估。勘察、设计、监理等工程服务的招标,不得以费用作为唯一的中标条件。

(六)推进建筑市场监管信息化与诚信体系建设。加快推进全国工程建设企业、注册人员、工程项目数据库建设,印发全国统一的数据标准和管理办法。各省级住房城乡建设主管部门要建立建筑市场和工程质量安全监管一体化工作平台,动态记录工程项目各方主体市场和现场行为,有效实现建筑市场和现场的两场联动。各级住房城乡建设主管部门要进一步加大信息的公开力度,通过全国统一信息平台发布建筑市场和质量安全监管信息,及时向社会公布行政审批、工程建设过程监管、执法处罚等信息,公开曝光各类市场主体和人员的不良行为信息,形成有效的社会监督机制。各地可结合本地实际,制定完善相关法规制度,探索开展工程建设企业和从业人员的建筑市场和质量安全行为评价办法,逐步建立"守信激励、失信惩戒"的建筑市场信用环境。鼓励有条件的地区研究、试行开展社会信用评价,引导建设单位等市场各方主体通过市场化运作综合运用信用评价结果。

(七)进一步完善工程监理制度。分类指导不同投资类型工程项目监理服务模式发展。调整强制监理工程范围,选择部分地区开展试点,研究制定有能力的建设单位自主决策选择监理或其他管理模式的政策措施。具有监理资质的工程咨询服务机构开展项目管理的工程项目,可不再委托监理。推动一批有能力的监理企业做优做强。

(八)强化建设单位行为监管。全面落实建设单位项目法人责任制,强化建设单位的质量责任。建设单位不得违反工程招标投标、施工图审查、施工许可、质量安全监督及工程竣工验收等基本建设程序,不得指定分包和肢解发包,不得与承包单位签订"阴阳合同"、任意压缩合理工期和工程造价,不得以任何形式要求设计、施工、监理及其他技术咨询单位违反工程建设强制性标准,不得拖欠工程款。政府投资工程一律不得采取带资承包方式进行建设,不得将带资承包作为招标投标的条件。积极探索研究对建设单位违法行为的制约和处罚措施。各地要进一步加强对建设单位市场行为和质量安全行为的监督管理,依法加大对建设单位违法违规行为的处罚力度,并将其不良行为在全国建筑市场监管与诚信信息发布平台曝光。

(九)建立与市场经济相适应的工程造价体系。逐步统一各行业、各地区的工程计价规则,服务建筑市场。健全工程量清单和定额体系,满足建设工程全过程不同设计深度、不同复杂程度、多种承包方式的计价需要。全面推行清单计价制度,建立与市场相适应的定额管理机制,构建多元化的工程造价信息服务方式,清理调整与市场不符的各类计价依据,充分发挥造价咨询企业等第三方专业服务作用,为市场决定工程造价提供保障。建立国家工程造价数据库,发布指标指数,提升造价信息服务。推行工程造价全过程咨询服务,强化国有投资工程造价监管。

三、强化工程质量安全管理

(十)加强勘察设计质量监管。进一步落实和强化施工图设计文件审查制度,推动勘察设计企业强化内部质量管控能力。健全勘察项目负责人对勘察全过程成果质量负责制度。推行勘察现场作业人员持证上岗制度。推动采用信息化手段加强勘察质量管理。研究建立重大设计变更管理制度。推行建筑工程设计使用年限告知制度。推行工程设计责任保险制度。

(十一)落实各方主体的工程质量责任。完善工程质量终身责任制,落实参建各方主体责任。落实工程质量抽查巡查制度,推进实施分类监管和差别化监管。完善工程质量事故质量问题查处通报制度,强化质量责任追究和处罚。健全工程质量激励机制,营造"优质优价"市场环境。规范工程质量保证金管理,积极探索试行工程质量保险制度,对已实行工程质量保险的工程,不再预留质量保证金。

(十二)完善工程质量检测制度。落实工程质量检测责任,提高施工企业质量检验能力。整顿规范工程质量检测市场,加强检测过程和检测行为监管,加大对虚假报告等违法违规行为处罚力度。建立健全政府对工程质量监督抽测制度,鼓励各地采取政府购买服务等方式加强监督检测。

(十三)推进质量安全标准化建设。深入推进项目经理责任制,不断提升项目质量安全水平。开展工程质量管理标准化活动,推行质量行为标准化和实体质量控制标准化。推动企业完善质量保证体系,加强对工程项目的质量管理,落实质量员等施工现场专业人员职责,强化过程质量控制。深入开展住宅工程质量常见问题专项治理,全面推行样板引路制度。全面推进建筑施工安全生产标准化建设,落实建筑施工安全生产标准化考评制度,项目安全标准化考评结果作为企业标准化考评的主要依据。

(十四)推动建筑施工安全专项治理。研究探索建筑起重机械和模板支架租赁、安装(搭设)、使用、拆除、维护保养一体化管理模式,提升起重机械、模板支架专业化管理水平。规范起重机械安装拆卸工、架子工等特种作业人员安全考核,提高从业人员安全操作技能。持续开展建筑起重机械、模板支架安全专项治理,有效遏制群死群伤事故发生。

(十五)强化施工安全监督。完善企业安全生产许可制度,以企业承建项目安全管理状况为安全生产许可延期审查重点,加强企业安全生产许可的动态管理。鼓励地方探索实施企业和人员安全生产动态扣分制度。完善企业安全生产费用保障机制,在招标时将安全生产费用单列,不得竞价,保障安全生产投入,规范安全生产费用的提取、使用和管理。加强企业对作业人员安全生产意识和技能培训,提高施工现场安全管理水平。加大安全隐患排查力度,依法处罚事故责任单位和责任人员。完善建筑施工安全监督制度和安全监管绩效考核机制。支持监管力量不足的地区探索以政府购买服务方式,委托具备能力的专业社会机构作为安全监督机构辅助力量。建立城市轨道交通等重大工程安全风险管理制度,推动建设单位对重大工程实行全过程安全风险管理,落实风险防控投入。鼓励建设单位聘用专业化社会机构提供安全风险管理咨询服务。

四、促进建筑业发展方式转变

（十六）推动建筑产业现代化。统筹规划建筑产业现代化发展目标和路径。推动建筑产业现代化结构体系、建筑设计、部品构件配件生产、施工、主体装修集成等方面的关键技术研究与应用。制定完善有关设计、施工和验收标准，组织编制相应标准设计图集，指导建立标准化部品构件体系。建立适应建筑产业现代化发展的工程质量安全监管制度。鼓励各地制定建筑产业现代化发展规划以及财政、金融、税收、土地等方面激励政策，培育建筑产业现代化龙头企业，鼓励建设、勘察、设计、施工、构件生产和科研等单位建立产业联盟。进一步发挥政府投资项目的试点示范引导作用并适时扩大试点范围，积极稳妥推进建筑产业现代化。

（十七）构建有利于形成建筑产业工人队伍的长效机制。建立以市场为导向、以关键岗位自有工人为骨干、劳务分包为主要用工来源、劳务派遣为临时用工补充的多元化建筑用工方式。施工总承包企业和专业承包企业要拥有一定数量的技术骨干工人，鼓励施工总承包企业拥有独资或控股的施工劳务企业。充分利用各类职业培训资源，建立多层次的劳务人员培训体系。大力推进建筑劳务基地化建设，坚持"先培训后输出、先持证后上岗"的原则。进一步落实持证上岗制度，从事关键技术工种的劳务人员，应取得相应证书后方可上岗作业。落实企业责任，保障劳务人员的合法权益。推行建筑劳务实名制管理，逐步实现建筑劳务人员信息化管理。

（十八）提升建筑设计水平。坚持以人为本、安全集约、生态环保、传承创新的理念，树立文化自信，鼓励建筑设计创作。树立设计企业是创新主体的意识，提倡精品设计。鼓励开展城市设计工作，加强建筑设计与城市规划间的衔接。探索放开建筑工程方案设计资质准入限制，鼓励相关专业人员和机构积极参与建筑设计方案竞选。完善建筑设计方案竞选制度，建立完善大型公共建筑方案公众参与和专家辅助决策机制，在方案评审中，重视设计方案文化内涵审查。加强建筑设计人才队伍建设，着力培养一批高层次创新人才。开展设计评优，激发建筑设计人员的创作激情。探索研究大型公共建筑设计后评估制度。

（十九）加大工程总承包推行力度。倡导工程建设项目采用工程总承包模式，鼓励有实力的工程设计和施工企业开展工程总承包业务。推动建立适合工程总承包发展的招标投标和工程建设管理机制，调整现行招标投标、施工许可、现场执法检查、竣工验收备案等环节管理制度，为推行工程总承包创造政策环境。工程总承包合同中涵盖的设计、施工业务可以不再通过公开招标方式确定分包单位。

（二十）提升建筑业技术能力。完善以工法和专有技术成果、试点示范工程为抓手的技术转移与推广机制，依法保护知识产权。积极推动以节能环保为特征的绿色建造技术的应用。推进建筑信息模型（BIM）等信息技术在工程设计、施工和运行维护全过程的应用，提高综合效益。推广建筑工程减隔震技术。探索开展白图替代蓝图、数字化审图等工作。建立技术研究应用与标准制定有效衔接的机制，促进建筑业科技成果转化，加快先进适用技术的推广应用。加大复合型、创新型人才培养力度。推动建筑领域国际技术交流合作。

五、加强建筑业发展和改革工作的组织和实施

(二十一)加强组织领导。各地要高度重视建筑业发展和改革工作,加强领导、明确责任、统筹安排,研究制订工作方案,不断完善相关法规制度,推进各项制度措施落实,及时解决发展和改革中遇到的困难和问题,整体推进建筑业发展和改革的不断深化。

(二十二)积极开展试点。各地要结合本地实际组织开展相关试点工作,把试点工作与推动本地区工作结合起来,及时分析试点进展情况,认真总结试点经验,研究解决试点中出现的问题,在条件成熟时向全国推广。要加大宣传推动力度,调动全行业和社会各方力量,共同推进建筑业的发展和改革。

(二十三)加强协会能力建设和行业自律。充分发挥协会在规范行业秩序、建立行业从业人员行为准则、促进企业诚信经营等方面的行业自律作用,提高协会在促进行业技术进步、提升行业管理水平、反映企业诉求、提出政策建议等方面的服务能力。鼓励行业协会研究制定非政府投资工程咨询服务类收费行业参考价,抵制恶意低价、不合理低价竞争行为,维护行业发展利益。

中华人民共和国住房和城乡建设部

2014 年 7 月 1 日

附录5

"十三五"装配式建筑行动方案

为深入贯彻《国务院办公厅关于大力发展装配式建筑的指导意见》(国办发〔2016〕71号)和《国务院办公厅关于促进建筑业持续健康发展的意见》(国办发〔2017〕19号),进一步明确阶段性工作目标,落实重点任务,强化保障措施,突出抓规划、抓标准、抓产业、抓队伍,促进装配式建筑全面发展,特制定本行动方案。

一、确定工作目标

到2020年,全国装配式建筑占新建建筑的比例达到15%以上,其中重点推进地区达到20%以上,积极推进地区达到15%以上,鼓励推进地区达到10%以上。鼓励各地制定更高的发展目标。建立健全装配式建筑政策体系、规划体系、标准体系、技术体系、产品体系和监管体系,形成一批装配式建筑设计、施工、部品部件规模化生产企业和工程总承包企业,形成装配式建筑专业化队伍,全面提升装配式建筑质量、效益和品质,实现装配式建筑全面发展。

到2020年,培育50个以上装配式建筑示范城市,200个以上装配式建筑产业基地,500个以上装配式建筑示范工程,建设30个以上装配式建筑科技创新基地,充分发挥示范引领和带动作用。

二、明确重点任务

(一)编制发展规划。

各省(区、市)和重点城市住房城乡建设主管部门要抓紧编制完成装配式建筑发展规划,明确发展目标和主要任务,细化阶段性工作安排,提出保障措施。重点做好装配式建筑产业发展规划,合理布局产业基地,实现市场供需基本平衡。

制定全国木结构建筑发展规划,明确发展目标和任务,确定重点发展地区,开展试点示范。具备木结构建筑发展条件的地区可编制专项规划。

(二)健全标准体系。

建立完善覆盖设计、生产、施工和使用维护全过程的装配式建筑标准规范体系。支持地方、社会团体和企业编制装配式建筑相关配套标准,促进关键技术和成套技术研究成果转化为标准规范。编制与装配式建筑相配套的标准图集、工法、手册、指南等。

强化建筑材料标准、部品部件标准、工程建设标准之间的衔接。建立统一的部品部件产品标准和认证、标识等体系,制定相关评价通则,健全部品部件设计、生产和施工工艺标准。严格执行《建筑模数协调标准》、部品部件公差标准,健全功能空间与部品部件之间的协调标准。

积极开展《装配式混凝土建筑技术标准》《装配式钢结构建筑技术标准》《装配式木结构建筑技术标准》以及《装配式建筑评价标准》宣传贯彻和培训交流活动。

(三)完善技术体系。

建立装配式建筑技术体系和关键技术、配套部品部件评估机制,梳理先进成熟可靠的新技术、新产品、新工艺,定期发布装配式建筑技术和产品公告。

加大研发力度。研究装配率较高的多高层装配式混凝土建筑的基础理论、技术体系和施工工艺工法,研究高性能混凝土、高强钢筋和消能减震、预应力技术在装配式建筑中的应用。突破钢结构建筑在围护体系、材料性能、连接工艺等方面的技术瓶颈。推进中国特色现代木结构建筑技术体系及中高层木结构建筑研究。推动"钢-混""钢-木""木-混"等装配式组合结构的研发应用。

(四)提高设计能力。

全面提升装配式建筑设计水平。推行装配式建筑一体化集成设计,强化装配式建筑设计对部品部件生产、安装施工、装饰装修等环节的统筹。推进装配式建筑标准化设计,提高标准化部品部件的应用比例。装配式建筑设计深度要达到相关要求。

提升设计人员装配式建筑设计理论水平和全产业链统筹把握能力,发挥设计人员主导作用,为装配式建筑提供全过程指导。提倡装配式建筑在方案策划阶段进行专家论证和技术咨询,促进各参与主体形成协同合作机制。

建立适合建筑信息模型(BIM)技术应用的装配式建筑工程管理模式,推进 BIM 技术在装配式建筑规划、勘察、设计、生产、施工、装修、运行维护全过程的集成应用,实现工程建设项目全生命周期数据共享和信息化管理。

(五)增强产业配套能力。

统筹发展装配式建筑设计、生产、施工及设备制造、运输、装修和运行维护等全产业链,增强产业配套能力。

建立装配式建筑部品部件库,编制装配式混凝土建筑、钢结构建筑、木结构建筑、装配化装修的标准化部品部件目录,促进部品部件社会化生产。采用植入芯片或标注二维码等方式,实现部品部件生产、安装、维护全过程质量可追溯。建立统一的部品部件标准、认证与标识信息平台,公开发布相关政策、标准、规则程序、认证结果及采信信息。建立部品部件质量验收机制,确保产品质量。

完善装配式建筑施工工艺和工法,研发与装配式建筑相适应的生产设备、施工设备、机具和配套产品,提高装配施工、安全防护、质量检验、组织管理的能力和水平,提升部品部件的施工质量和整体安全性能。

培育一批设计、生产、施工一体化的装配式建筑骨干企业,促进建筑企业转型发展。发挥装配式建筑产业技术创新联盟的作用,加强产学研用等各种市场主体的协同创新能力,促进新技术、新产品的研发与应用。

(六)推行工程总承包。

各省(区、市)住房城乡建设主管部门要按照"装配式建筑原则上应采用工程总承包模式,可按照技术复杂类工程项目招投标"的要求,制定具体措施,加快推进装配式建筑项目采用工程总承包模式。工程总承包企业要对工程质量、安全、进度、造价负总责。

装配式建筑项目可采用"设计-采购-施工"(EPC)总承包或"设计-施工"(D-B)总承包等工程项目管理模式。政府投资工程应带头采用工程总承包模式。设计、施工、开发、生产企业可单独或组成联合体承接装配式建筑工程总承包项目,实施具体的设计、施工任务时应由有相应资质的单位承担。

(七)推进建筑全装修。

推行装配式建筑全装修成品交房。各省(区、市)住房城乡建设主管部门要制定政策措施,明确装配式建筑全装修的目标和要求。推行装配式建筑全装修与主体结构、机电设备一体化设计和协同施工。全装修要提供大空间灵活分隔及不同档次和风格的菜单式装修方案,满足消费者个性化需求。完善《住宅质量保证书》和《住宅使用说明书》文本关于装修的相关内容。

加快推进装配化装修,提倡干法施工,减少现场湿作业。推广集成厨房和卫生间、预制隔墙、主体结构与管线相分离等技术体系。建设装配化装修试点示范工程,通过示范项目的现场观摩与交流培训等活动,不断提高全装修综合水平。

(八)促进绿色发展。

积极推进绿色建材在装配式建筑中应用。编制装配式建筑绿色建材产品目录。推广绿色多功能复合材料,发展环保型木质复合、金属复合、优质化学建材及新型建筑陶瓷等绿色建材。到2020年,绿色建材在装配式建筑中的应用比例达到50%以上。

装配式建筑要与绿色建筑、超低能耗建筑等相结合,鼓励建设综合示范工程。装配式建筑要全面执行绿色建筑标准,并在绿色建筑评价中逐步加大装配式建筑的权重。推动太阳能光热光伏、地源热泵、空气源热泵等可再生能源与装配式建筑一体化应用。

(九)提高工程质量安全。

加强装配式建筑工程质量安全监管,严格控制装配式建筑现场施工安全和工程质量,强化质量安全责任。

加强装配式建筑工程质量安全检查,重点检查连接节点施工质量、起重机械安全管理等,全面落实装配式建筑工程建设过程中各方责任主体履行责任情况。

加强工程质量安全监管人员业务培训,提升适应装配式建筑的质量安全监管能力。

(十)培育产业队伍。

开展装配式建筑人才和产业队伍专题研究,摸清行业人才基数及需求规模,制定装配式建筑人才培育相关政策措施,明确目标任务,建立有利于装配式建筑人才培养和发展的长效机制。

加快培养与装配式建筑发展相适应的技术和管理人才,包括行业管理人才、企业领军人才、专业技术人员、经营管理人员和产业工人队伍。开展装配式建筑工人技能评价,引导装配式建筑相关企业培养自有专业人才队伍,促进建筑业农民工转化为技术工人。促进建筑劳务企业转型创新发展,建设专业化的装配式建筑技术工人队伍。

依托相关的院校、骨干企业、职业培训机构和公共实训基地,设置装配式建筑相关课程,建立若干装配式建筑人才教育培训基地。在建筑行业相关人才培养和继续教育中增加装配式建筑相关内容。推动装配式建筑企业开展企校合作,创新人才培养模式。

三、保障措施

(十一)落实支持政策。

各省(区、市)住房城乡建设主管部门要制定贯彻国办发〔2016〕71号文件的实施方案,逐项提出落实政策和措施。鼓励各地创新支持政策,加强对供给侧和需求侧的双向支持力度,利用各种资源和渠道,支持装配式建筑的发展,特别是要积极协调国土部门在土地出让或划拨时,将装配式建筑作为建设条件内容,在土地出让合同或土地划拨决定书中明确具体要求。装配式建筑工程可参照重点工程报建流程纳入工程审批绿色通道。各地可将装配率水平作为支持鼓励政策的依据。

强化项目落地,要在政府投资和社会投资工程中落实装配式建筑要求,将装配式建筑工作细化为具体的工程项目,建立装配式建筑项目库,于每年第一季度向社会发布当年项目的名称、位置、类型、规模、开工竣工时间等信息。

在中国人居环境奖评选、国家生态园林城市评估、绿色建筑等工作中增加装配式建筑方面的指标要求,并不断完善。

(十二)创新工程管理。

各级住房城乡建设主管部门要改革现行工程建设管理制度和模式,在招标投标、施工许可、部品部件生产、工程计价、质量监督和竣工验收等环节进行建设管理制度改革,促进装配式建筑发展。

建立装配式建筑全过程信息追溯机制,把生产、施工、装修、运行维护等全过程纳入信息化平台,实现数据即时上传、汇总、监测及电子归档管理等,增强行业监管能力。

(十三)建立统计上报制度。

建立装配式建筑信息统计制度,搭建全国装配式建筑信息统计平台。要重点统计装配式建筑总体情况和项目进展、部品部件生产状况及其产能、市场供需情况、产业队伍等信息,并定期上报。按照《装配式建筑评价标准》规定,用装配率作为装配式建筑认定指标。

(十四)强化考核监督。

住房城乡建设部每年4月底前对各地进行建筑节能与装配式建筑专项检查,重点检查各地装配式建筑发展目标完成情况、产业发展情况、政策出台情况、标准规范编制情况、质量安全情况等,并通报考核结果。

各省(区、市)住房城乡建设主管部门要将装配式建筑发展情况列入重点考核督察项目,作为住房城乡建设领域一项重要考核指标。

(十五)加强宣传推广。

各省(区、市)住房城乡建设主管部门要积极行动,广泛宣传推广装配式建筑示范城市、产业基地、示范工程的经验。充分发挥相关企事业单位、行业学协会的作用,开展装配式建筑的技术经济政策解读和宣传贯彻活动。鼓励各地举办或积极参加各种形式的装配式建筑展览会、交流会等活动,加强行业交流。

要通过电视、报刊、网络等多种媒体和售楼处等多种场所,以及宣传手册、专家解读文章、典型案例等各种形式普及装配式建筑相关知识,宣传发展装配式建筑的经济社会环境效益和装配式建筑的优越性,提高公众对装配式建筑的认知度,营造各方共同关注、支持装配式建筑发展的良好氛围。

各省(区、市)住房城乡建设主管部门要切实加强对装配式建筑工作的组织领导,建立健全工作和协商机制,落实责任分工,加强监督考核,扎实推进装配式建筑全面发展。

附录6

装配式建筑示范城市管理办法

第一章　总　则

第一条　为贯彻《中共中央　国务院关于进一步加强城市规划建设管理工作的若干意见》《国务院办公厅关于大力发展装配式建筑的指导意见》(国办发〔2016〕71号)关于发展新型建造方式,大力推广装配式建筑的要求,规范管理国家装配式建筑示范城市,根据《中华人民共和国建筑法》《中华人民共和国科技成果转化法》《建设工程质量管理条例》《民用建筑节能条例》和《住房城乡建设部科学技术计划项目管理办法》等有关法律法规和规定,制定本管理办法。

第二条　装配式建筑示范城市(以下简称示范城市)是指在装配式建筑发展过程中,具有较好的产业基础,并在装配式建筑发展目标、支持政策、技术标准、项目实施、发展机制等方面能够发挥示范引领作用,并按照本管理办法认定的城市。

第三条　示范城市的申请、评审、认定、发布和监督管理,适用本办法。

第四条　各地在制定实施相关优惠支持政策时,应向示范城市倾斜。

第二章　申　请

第五条　申请示范的城市向当地省级住房城乡建设主管部门提出申请。

第六条　申请示范的城市应符合下列条件:

1.具有较好的经济、建筑科技和市场发展等条件;

2.具备装配式建筑发展基础,包括较好的产业基础、标准化水平和能力、一定数量的设计生产施工企业和装配式建筑工程项目等;

3.制定了装配式建筑发展规划,有较高的发展目标和任务;

4.有明确的装配式建筑发展支持政策、专项管理机制和保障措施;

5.本地区内装配式建筑工程项目一年内未发生较大及以上生产安全事故;

6.其他应具备的条件。

第七条　申请示范的城市需提供以下材料:

1.装配式建筑示范城市申请表;

2.装配式建筑示范城市实施方案(以下简称实施方案);

3.其他应提供的材料。

第三章 评审和认定

第八条 住房城乡建设部根据各地装配式建筑发展情况确定各省(区、市)示范城市推荐名额。

第九条 省级住房城乡建设主管部门组织专家评审委员会,对申请示范的城市进行评审。

第十条 评审专家委员会一般由5~7名专家组成,专家委员会设主任委员1人,副主任委员1人,由主任委员主持评审工作。专家委员会应客观、公正,遵循回避原则,并对评审结果负责。

第十一条 评审内容主要包括:

1.当地的经济、建筑科技和市场发展等基础条件;

2.装配式建筑发展的现状:政策出台情况、产业发展情况、标准化水平和能力、龙头企业情况、项目实施情况、组织机构和工作机制等;

3.装配式建筑的发展规划、目标和任务;

4.实施方案和下一步将要出台的支持政策和措施等。

各地可结合实际细化评审内容和要求。

第十二条 省级住房城乡建设主管部门按照给定的名额向住房城乡建设部推荐示范城市。

第十三条 住房城乡建设部委托部科技与产业化发展中心(住宅产业化促进中心)复核各省(区、市)推荐城市和申请材料,必要时可组织专家和有关管理部门对推荐城市进行现场核查。复核结果经住房城乡建设部认定后公布示范城市名单,并纳入部科学技术计划项目管理。对不符合要求的城市不予认定。

第四章 管理与监督

第十四条 示范城市应按照实施方案组织实施,及时总结经验,向上级住房城乡建设主管部门提供年度报告并接受检查。

第十五条 示范城市应加强经验交流与宣传推广,积极配合其他城市参观学习,发挥示范引领作用。

第十六条 省级住房城乡建设主管部门负责本地区示范城市的监督管理,定期组织检查和考核。

第十七条 住房城乡建设部对示范城市的工作目标、主要任务和政策措施落实执行情况进行抽查,通报抽查结果。

第十八条 示范城市未能按照实施方案制订的工作目标组织实施的,住房城乡建设部商当地省级住房城乡建设部门提出处理意见,责令限期改正,情节严重的给予通报,在规定整改期限内仍不能达到要求的,由住房城乡建设部撤销示范城市认定。

第十九条 住房城乡建设部定期对示范城市进行全面评估,评估合格的城市继续认定为示范城市,评估不合格的城市由住房城乡建设部撤销其示范城市认定。

第五章　附　则

第二十条　本管理办法自发布之日起实施,原《国家住宅产业化基地试行办法》(建住房〔2006〕150号)同时废止。

第二十一条　本办法由住房城乡建设部建筑节能与科技司负责解释,住房城乡建设部科技与产业化发展中心(住宅产业化促进中心)协助组织实施。

附录7

装配式建筑产业基地管理办法

第一章 总 则

第一条 为贯彻《中共中央 国务院关于进一步加强城市规划建设管理工作的若干意见》《国务院办公厅关于大力发展装配式建筑的指导意见》(国办发〔2016〕71 号)关于发展新型建造方式,大力推广装配式建筑的要求,规范管理国家装配式建筑产业基地,根据《中华人民共和国建筑法》《中华人民共和国科技成果转化法》《建设工程质量管理条例》《民用建筑节能条例》和《住房城乡建设部科学技术计划项目管理办法》等有关法律法规和规定,制定本管理办法。

第二条 装配式建筑产业基地(以下简称产业基地)是指具有明确的发展目标、较好的产业基础、技术先进成熟、研发创新能力强、产业关联度大、注重装配式建筑相关人才培养培训、能够发挥示范引领和带动作用的装配式建筑相关企业,主要包括装配式建筑设计、部品部件生产、施工、装备制造、科技研发等企业。

第三条 产业基地的申请、评审、认定、发布和监督管理,适用本办法。

第四条 产业基地优先享受住房城乡建设部和所在地住房城乡建设管理部门的相关支持政策。

第二章 申 请

第五条 申请产业基地的企业向当地省级住房城乡建设主管部门提出申请。

第六条 申请产业基地的企业应符合下列条件:

1.具有独立法人资格;

2.具有较强的装配式建筑产业能力;

3.具有先进成熟的装配式建筑相关技术体系,建筑信息模型(BIM)应用水平高;

4.管理规范,具有完善的现代企业管理制度和产品质量控制体系,市场信誉良好;

5.有一定的装配式建筑工程项目实践经验,以及与产业能力相适应的标准化水平和能力,具有示范引领作用;

6.其他应具备的条件。

第七条 申请产业基地的企业需提供以下材料:

1.产业基地申请表;

2.产业基地可行性研究报告;

3.企业营业执照、资质等相关证书;

4.其他应提供的材料。

第三章 评审和认定

第八条 住房城乡建设部根据各地装配式建筑发展情况确定各省(区、市)产业基地推荐名额。

第九条 省级住房城乡建设主管部门组织评审专家委员会,对申请的产业基地进行评审。

第十条 评审专家委员会一般由5~7名专家组成,应根据参评企业类型选择装配式建筑设计、部品部件生产、施工、装备制造、科技研发、管理等相关领域的专家。专家委员会设主任委员1人,副主任委员1人,由主任委员主持评审工作。专家委员会应客观、公正,遵循回避原则,并对评审结果负责。

第十一条 评审内容主要包括:产业基地的基础条件;人才、技术和管理等方面的综合实力;实际业绩;发展装配式建筑的目标和计划安排等。

各地可结合实际细化评审内容和要求。

第十二条 省级住房城乡建设主管部门按照给定的名额向住房城乡建设部推荐产业基地。

第十三条 住房城乡建设部委托部科技与产业化发展中心复核各省(区、市)推荐的产业基地和申请材料,必要时可组织专家和有关管理部门对推荐的产业基地进行现场核查。复核结果经住房城乡建设部认定后公布产业基地名单,并纳入部科学技术计划项目管理。对不符合要求的产业基地不予认定。

第四章 监督管理

第十四条 产业基地应制订工作计划,做好实施工作,及时总结经验,向上级住房城乡建设主管部门报送年度发展报告并接受检查。

第十五条 省级住房城乡建设主管部门负责本地区产业基地的监督管理,定期组织检查和考核。

第十六条 住房城乡建设部对产业基地工作目标、主要任务和计划安排的完成情况等进行抽查,通报抽查结果。

第十七条 未完成工作目标和主要任务的产业基地,由住房城乡建设部商当地省级住房城乡建设主管部门提出处理意见,责令限期整改,情节严重的给予通报,在规定整改期限内仍不能达到要求的,由住房城乡建设部撤销产业基地认定。

第十八条 住房城乡建设部定期对产业基地进行全面评估,评估合格的继续认定为产业基地,评估不合格的由住房城乡建设部撤销其产业基地认定。

第五章 附 则

第十九条 本管理办法自发布之日起实施,原《国家住宅产业化基地试行办法》(建住房〔2006〕150号)同时废止。

第二十条 本办法由住房城乡建设部建筑节能与科技司负责解释,住房城乡建设部科技与产业化发展中心(住宅产业化促进中心)协助组织实施。

参 考 文 献

[1] 张树君.装配式现代木结构建筑[J].城市住宅,2016,23(5):35-40.

[2] 栗新.工业化预制装配式(PC)住宅建筑的设计研究与应用[J].建筑施工,2008,30(3):201-202.

[3] 王长虹,杨兴富.节能-结构一体化产业化住宅研究[J].施工技术,2011,40(14):59-62.

[4] 张延年.建筑抗震设计[M].北京:机械工业出版社,2011.

[5] 李瑜.德国新技术助力发展装配式建筑[J].砖瓦,2016(12):68-69.

[6] 李晨光,刘航,高鸿升,等.新IMS整体预应力装配式板柱体系试验和工程实践[J].建筑技术,2000,31(12):838-839.

[7] 中国建筑工业出版社.唐山地震抗震调查总结资料选编[J].北京:中国建筑工业出版社,1997.

[8] 张晓勇,孙晓阳,陈华,等.预制全装配式混凝土框架结构施工技术[J].施工技术,2012,41(2):294-295.

[9] 张召斌,浦玉炳,张舍.预应力钢桁架设计理论研究[J].安徽建筑大学学报,2005,13(1):32-34.

[10] 陆赐麟.预应力钢结构发展50年(1)[J].钢结构,2002,17(4):32-36.

[11] 陆赐麟.预应力钢结构发展50年(2)[J].钢结构,2002,17(5):45-47.

[12] 袁行飞,刘武文,董石麟.一种新型大跨空间结构——张拉整体索穹顶[J].新建筑,2000(2):74-75.

[13] 张运田,郁银泉.钢结构住宅建筑体系研究进展[J].钢结构,2002,17(6):22-23.

[14] 陈禄如,刘万忠.中国钢结构行业现状和发展趋势[J].钢结构,2004,19(2):31-35.

[15] 严薇,曹永红,李国荣.装配式结构体系的发展与建筑工业化[J].土木建筑与环境工程,2004,26(5):131-136.

[16] 赵建国,侯兆欣.住宅楼板体系方案综述[J].施工技术,2003,32(10):10-12.